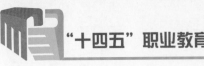 "十四五"职业教育国家规划教材

无人机应用技术专业系列教材

多旋翼无人机组装调试与飞行实训

主　编　王古常

参　编　孙　斌　李纯军　王力登

　　　　陈　博　王若天　张　猷

重庆大学出版社

内容提要

本书以多旋翼无人机组装、调试和视距内飞行实训为主线,按多旋翼结构认知、机体组装、动力系统装配、飞控安装、全系统综合调试、模拟飞行训练、视距内飞行实训的递进思路组织内容编写。全书以 F450 四轴飞行器为主训设备,配套 DJI NAZA-M Lite 飞控和天地飞 9 遥控器,力求体现结构全系统、作业全流程、所学即所用的编写理念。

本书可作为高等职业教育院校无人机应用技术专业和中等职业院校无人机操控与维护专业等相关专业的教学用书,也可作为中小学师生无人机普及、各类无人机培训机构资质认证和社会无人机爱好者的参考用书。

图书在版编目(CIP)数据

多旋翼无人机组装调试与飞行实训/王古常主编
. -- 重庆:重庆大学出版社,2021.11(2024.7 重印)
无人机应用技术专业系列教材
ISBN 978-7-5689-3057-4

Ⅰ.①多… Ⅱ.①王… Ⅲ.①旋翼机—无人驾驶飞机
—组装—职业教育—教材②旋翼机—无人驾驶飞机—调整
试验—职业教育—教材③旋翼机—无人驾驶飞机—飞行控
制—职业教育—教材 Ⅳ.①V279

中国版本图书馆 CIP 数据核字(2021)第 248876 号

多旋翼无人机组装调试与飞行实训
主 编 王古常
参 编 孙 斌 李纯军 王力登
陈 博 王若天 张 猷
责任编辑:杨粮菊 版式设计:杨粮菊
责任校对:刘志刚 责任印制:张 策
*
重庆大学出版社出版发行
出版人:陈晓阳
社址:重庆市沙坪坝区大学城西路 21 号
邮编:401331
电话:(023)88617190 88617185(中小学)
传真:(023)88617186 88617166
网址:http://www.cqup.com.cn
邮箱:fxk@cqup.com.cn(营销中心)
重庆正光印务股份有限公司印刷
*
开本:787mm×1092mm 1/16 印张:14.25 字数:350千
2021 年 11 月第 1 版 2024 年 7 月第 3 次印刷
印数:6 001—9 000
ISBN 978-7-5689-3057-4 定价:49.80 元

前　言

　　多旋翼无人机具备垂直起降、空中悬停、低空飞行和原地回转等独特飞行技能,在军用、警用和民用领域均备受瞩目。而消费级多旋翼无人机,因其操纵智能和价格便宜,已经成为人们休闲娱乐的新宠。放眼望去,随时可见多旋翼无人机在空旷的田野上,在风景怡人的旅游胜地,甚至在居民自家的后院或客厅中腾空而起,承载着人们的飞行梦想,多旋翼无人机的应用遍地开花。

　　近年来,多旋翼无人机在国内外市场上商机无限,其应用前景及由此带来的就业需求引起世界各国高度重视。在我国,2017 年 12 月,工业和信息化部印发《关于促进和规范民用无人机制造业发展的指导意见》,明确支持有条件的应用型本科院校和职业院校设立无人机专业,建立多层次多类型的无人机人才培养和服务体系;鼓励高职院校和企业合作,创新人才培养机制,构建具有竞争力的人才队伍;提出大力开展技术创新,提升产品质量性能,加快培育优势企业,促进我国民用无人机制造业健康有序发展。2019 年 4 月,人力资源和社会保障部、市场监管总局、统计局正式向社会发布了包括无人机驾驶员在内"高新技术领域"的 13 个新职业,无人机驾驶员由此成为正式备案的新兴职业之一。

　　政策利好职业院校无人机专业建设,正是在这样一个大背景下,我们针对国内无人机职业教育尚未形成成熟体系、专业教材与职业教育需求存在脱节这一实际情况,组织编写了这本《多旋翼无人机组装调试与飞行实训》教材,后续还将逐步推出系列教材,以期为推动国内无人机职业教育的发展贡献一份力量。

1

全书根据高职院校无人机应用技术专业人才培养方案和课程标准要求,结合1+X证书制度的无人机驾驶员职业技能等级认证标准和相关行业标准编写而成;依据职业教育特点,以无人机结构全系统、作业全流程、所学即所用为编写原则,避免高深的理论描述,重点关注岗位知识、能力和素质养成;采用项目导向和任务驱动的结构设计,共分为结构认知、机体组装、动力系统装配、飞控安装、全系统综合调试、模拟飞行训练、视距内飞行实训等7个项目、21个任务,每个任务在基于工作过程导向的前提下,穿插安全提醒、知识拓展和延伸阅读等学习要素,引领读者轻松愉快学习,在情境启发和技能实训中加强对岗位任职的针对性;全书采用彩色印刷,图文并茂,形象直观,所见即所得,大大降低了对使用人员的技术要求。

本书主编王古常教授有近20年的军用无人机装备一线教学和管理经验,编写组骨干教师亦有多年军、民用无人机教学与培训经历。尽管如此,我们还参阅了大量的技术资料,归纳整理了诸多网络资源,同时对这些文献的作者表示衷心感谢。

囿于水平,书中疏漏之处在所难免,热忱欢迎同行和读者们批评指正。

编　者

2021 年 8 月

本书资源清单

序号	名称	二维码
1	3 AC-61-20R2 民用无人机驾驶员管理规定（最终版）	
2	4 AC-91-31_轻小无人机运行管理规定（试行）	
3	垂起之路-最通俗的飞行原理	
4	大疆创始人汪滔的创业故事	
5	湖北青蜂无人机王小亮	
6	解密多旋翼发展进程	

续表

序号	名称	二维码
7	民用航空法规术语入门	
8	民用无人驾驶航空器实名制登记管理规定	
9	无人机测绘操控员国家职业技能标准	
10	无人机驾驶员国家职业技能标准2021年版	
11	无人机驾驶职业技能等级标准	
12	无人机装调检修工国家职业技能标准2021年版	
13	无人驾驶航空器飞行管理暂行条例	
14	中国航空发展史上的十件大事件	
15	中华人民共和国民用航空法	

目录

项目 1　结构与原理认知

 导学

①多旋翼无人机及其系统的基本概念；

②多旋翼无人机系统结构、气动布局和基本飞行原理；

③多旋翼无人机常见类型及其典型应用；

④民用多旋翼无人机的飞行管理；

⑤主训设备 F450 部组件识别。

训练目标

知识目标

①说出多旋翼无人机的定义；

②给出多旋翼无人机系统组成，能够说出子系统功能；

③知道多旋翼无人机的发展历程；

④给出多旋翼无人机气动布局，能够解释其飞行原理；

⑤知道多旋翼无人机常见分类与飞行管理。

能力目标

①会选择多旋翼无人机操纵模式；

②正确识别 F450 部组件，准确填写部组件清单。

素质目标

①养成按章办事、精益求精的工匠精神；

②养成设备专业实训室 6S 管理的良好工作习惯；

③养成爱岗敬业的职业精神。

任务 1.1　基本概念解读

1.1.1　定义

多旋翼无人机(Multirotor Unmanned Aircraft，MUA)也称多轴飞行器(Multirotor)，是一种具有 3 个及以上旋翼轴的垂直起降无人机，其飞行升力主要由 3 个及以上动力驱动的旋翼产生，并通过改变旋翼转速获得推进力，实现对其运动姿态和轨迹的控制。

严格地说，多旋翼无人机是无人直升机的一种特殊形式，它和其他类型无人机一样，具备"机上无人、人在系统"的显著特点。因此，多旋翼无人机驾驶员与多旋翼无人机之间既是一个完整的"人—机"系统，也是一种典型的闭环控制回路系统。

多旋翼无人机通常采用中心对称或轴对称结构，多个旋翼沿机架的周向分布于边缘，其中多轴的"轴"指的是电机的旋转轴，多旋翼的"旋翼"指的是旋转的螺旋桨。一般情况下，多旋翼均选用定距螺旋桨（特例除外），电机直接驱动螺旋桨旋转且转速可变。由于螺旋桨无须变距，使得多旋翼相对传统直升机而言，少了一个非常复杂的组成部分——自动倾斜器，因而其结构及操纵性都得以大大简化，并由此在行业应用和消费娱乐等领域占据了民用无人机行业的半壁江山。图1.1为正在执行电力巡线作业任务的多旋翼无人机。

图1.1　正在执行电力巡线作业任务的多旋翼无人机

1.1.2　分系统组成与功能

多旋翼无人机要想真正完成一项特定的任务，光有能在天空中自由飞行的多旋翼平台是永远不够的，还需要有导航与控制系统、数据链系统、任务载荷系统，以及相关维护保障设备等。因此，多旋翼无人机更应该被称为多旋翼无人机系统，它是一个高度智能化的闭环反馈控制系统。这一概念已得到航空业界、学术界和工程界的广泛认可。

一个完整的多旋翼无人机系统的组成如图1.2所示。这里，只进行部分相关概念解读。

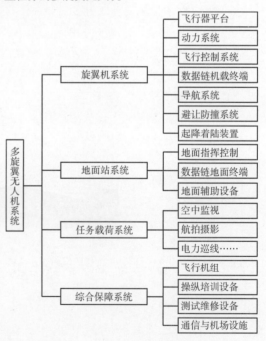

图1.2　多旋翼无人机功能系统

（1）机体（机架）

飞行平台提供多旋翼无人机的基本框架，包括机架、脚架和云台支撑结构等，如图1.3所示。飞行平台多选用材质轻和强度高的材料，一般可成套采购。主要功能如下所述：

①为电机、电调、飞控等设备提供安装接口；

②平台自身稳定坚固，电机在转动过程中不易损坏其他设备；

③脚架为缓冲装置，保障起飞和降落安全；

④保证足够低的自重，为控制和任务设备提供更多的载荷余量；

⑤提供相应的防护装置，保障飞行器本身和操作人员的安全，减少不必要的损失。

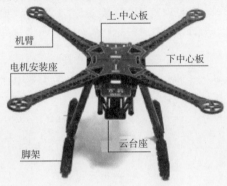

图 1.3　多旋翼飞行平台

（2）动力系统

动力系统的主要功能是为多旋翼无人机飞行提供动力，分为油动和电动两种方式。油动主要应用于中、大型多旋翼无人机系统，小型民用多旋翼无人机系统则通常采用电动动力系统，其组成包括电池、电调、电机、螺旋桨等，如图 1.4 所示。

图 1.4　多旋翼电动动力系统

①电池：为所有设备提供能源，目前多旋翼无人机大多采用聚合物锂电池，部分使用 18650 电池。

②电调：全称为电子调速器（Electronic Speed Controller，ESC），功能是根据飞控提供的控制信号，将电池的直流输入转变为一定频率的交流输出，驱动无刷电机运行，控制并调节电机转速。

③电机和螺旋桨：电机负责将电能转化为机械能，驱动螺旋桨旋转，获得多旋翼飞行所必需的空气动力。

（3）导航与控制系统

无人机系统指挥控制中心，用来保障多旋翼无人机稳定地沿要求航线飞行，以便到达预定的任务区域；同时，无人机上传输过来的图像、飞行状态参数及遥测数据等在此进行处理与显示。无人机系统指挥控制中心分为导航子系统和控制子系统两部分，控制子系统又分为机载飞行控制系统和地面控制系统。

1）导航子系统

导航子系统被称为无人机的"眼睛"，向无人机提供参考坐标系的位置、速度和飞行姿态，引导无人机按照指定航线飞行，相当于有人机中的领航员。目前，民用多旋翼的机载导航系统主要采用"GPS+磁罗盘"或"GPS+惯导"等方式。GPS用来测量多旋翼当前的经纬度、高度、航迹和地速等信息，磁罗盘用来测量飞机当前的航向。图1.5所示为当前应用最广泛的大疆GPS指南针模块。

2）机载飞行控制系统

机载飞行控制系统简称飞控或自动驾驶仪，是无人机完成起飞、空中飞行、执行任务和返场回收等整个飞行过程的核心系统，相当于有人机系统中的驾驶员。其主要组成部分包括主控单元、IMU（惯性测量单元）、气压计和超声波测量模块、LED指示灯模块、PMU（电源管理）模块、IOSD数据记忆模块和各种接口等，如图1.6所示。

图1.5 大疆GPS指南针模块

图1.6 机载飞控系统结构与功能

主控是整个机载飞行控制系统的核心，它将IMU、GPS指南针、舵机和遥控接收机等设备接入飞行控制系统，并通过高效的控制算法，精准地感应并计算出飞行器的飞行姿态等数据，实现飞行器的精准定位悬停和自主平稳飞行，进而实现其他所有功能。

3）地面控制系统

地面控制系统也称地面站（UAV Ground Control Station，GCS）或任务规划与控制站。最通俗的理解是将有人机的驾驶舱搬到地面。所以，地面控制系统是整个无人机系统的控制中心。典型地面站软件界面如图1.7所示，主要功能包括：

①利用地面站软件预先规划好飞行航迹，并对航程点属性进行设置；

图 1.7 典型地面站软件界面

②通过鼠标、键盘、按钮和操控手柄等外设以及地面站软件等,与多旋翼无人机进行交互,对飞行过程中飞行状况进行实时监控和修改任务设置以干预其飞行;

③遥测数据及图传信息实时显示;

④任务完成后还可以对任务的执行记录进行回放分析。

(4)数据链系统

数据链可理解为放风筝的"线"。它在无人机系统中承担的任务包括遥控、遥测、测距、测角和信息传输。

(1)上行链路与下行链路

①上行链路:用于实现对无人机的遥控,即由地面站对飞行器及机载设备进行指令控制,也称指挥链路;

②下行链路:用于执行遥测数据及图像信息传输功能,即由地面站接收描述无人机状态信息的遥测参数(距离、方向、姿态角等)和任务传感器信息(侦察图像等)。

(2)分离测控链路

出于节约成本的考虑,目前小型民用多旋翼无人机系统大多使用单一功能链路,即所谓的分离测控体制,其基本通信链路包括以下 3 条:

①RC(Radio Control)遥控器和机上遥控接收机构成的上行单向链路,多用于视距内控制飞机,如图 1.8 所示。无线电频段采用 72 MHz、433 MHz、2.4 GHz,主流 2.4 GHz。进入网络化时代后,遥控器会慢慢被平板、手机等控制单元所取代。

图 1.8 多旋翼视距内操纵

②数传链路,由便携式工控机或笔记本电脑连接的数传地面模块和飞机上的机载数传模块构成双向链路,多用于超视距飞行。无线电频段采用 900 MHz 或 2.4 GHz,常见的以 900 MHz 频段居多,传输速率在 300 ~ 19 200 bit/s,发射

功率在几瓦到数十瓦之间。

数传电台通常借助无线电和 DSP 技术,采用数字信号处理(调制解调)方式,具备前向纠错等功能。其一端接入计算机(地面站软件),另一端接入多旋翼无人机自驾仪,采用一定通信协议,保持自驾仪与地面站的双向通信,典型组成及连接关系如图 1.9 所示。

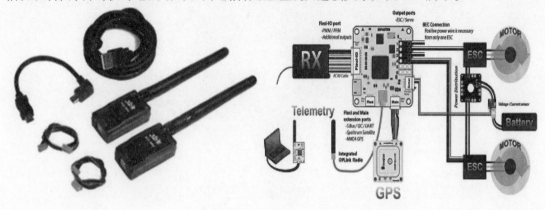

图 1.9　数传电台及其与多旋翼无人机之间的连接关系

③图传链路,即飞机向地面站发送图像的下行单向链路,用于监控摄像头的方向和效果。无线电频段采用 1.2 GHz、2.4 GHz、5.8 GHz,主流是 2.4 GHz 和 5.8 GHz,中高端的价格比较贵,低端的有效距离短,画面延迟严重。

1.1.3　飞行机组

多旋翼无人机系统的各组成要素中,人是决定性因素。因为多旋翼无人机设计生产和作业飞行所需要的资金、设备、原材料、维修保障的技术手段等,都是靠人去掌握、组织和运用的。要提高多旋翼无人机的飞行性能和使用效率,必须通过人的努力来实现。特别是大中型多旋翼无人机系统,在实际飞行过程中,为保障能顺利完成作业任务,需要配备相应的飞行机组,其基本成员包括:

(1)驾驶员

对无人机系统的运行负有必不可少的职责并在飞行期间适时操纵无人机的人。要求经过正规培训且取得飞行执照或合格证等相关资质,由运营人任命指派执行任务。

(2)机长

由运营人指派、全面负责整个无人机系统任务飞行和安全保障的驾驶员,要求经过正规培训且取得相应执照或合格证资质。机长直接负责无人机系统的运行,飞行中遇到紧急情况时,有权采取适当的应急措施。

（3）观测员

通过目视观测无人机系统的飞行状况,协助驾驶员安全飞行,由运营人指定训练有素的人员担任。

（4）运营人

从事或拟从事无人机系统运营的个人、组织或企业。

1.1.4　发展历程

（1）探索期（20 世纪 90 年代之前）

旋翼类航空器主要是利用旋转的翼面获得升力,其原型可以追溯到公元前 500 年左右由中国人发明的竹蜻蜓,即使到了 2 000 多年后的今天,竹蜻蜓仍然是全世界孩子们非常喜爱的玩具之一。

1)竹蜻蜓的结构与飞行原理

竹蜻蜓的结构十分简单,由一根竹柄和一个竹片组成。将竹片打出一个小圆孔,用于安装竹柄。然后在小孔两边对称各削出向同一方向的倾斜面。竹片前缘圆钝,后缘尖锐,上表面圆拱,下表面平直,类似于固定翼飞机的平凸型机翼,如图 1.10 所示。

图 1.10　竹蜻蜓基本结构

竹蜻蜓的升力来源于两个方面:

①根据伯努利定理,平凸翼型的竹片在旋转时,上、下表面会形成压强差,从而产生向上的升力。

②叶片和水平旋转面之间的夹角称为竹蜻蜓的倾斜角。因为倾斜角的存在,旋转的竹片将空气向下推,形成一股强风,而空气也给竹蜻蜓一股向上的反作用升力,且这股升力会随着竹片倾斜角的改变而改变。

2)早期多旋翼研制面临的难题

竹蜻蜓传到欧洲后,为西方的设计师和发明家们带来了研制旋翼类飞行器的灵感,但这种灵感在解决以下两个难题时却显得十分苍白。

①单个旋翼的反扭矩问题。现以传统单旋翼带尾桨直升机为例来进行阐述,如图 1.11 所示。当主旋翼由发动机带动旋转时,旋翼给空气以作用力矩(也称扭矩),根据作用力与反作用力原理,空气必然在同一时间以大小相等、方向相反的反作用力矩作用于旋翼(即反扭

矩），并通过旋翼将这一反扭矩传递到直升机机体上。如果不采取措施予以平衡，那么这个反扭矩就会使直升机向旋翼转动相反的方向产生旋转。为了克服这种反扭矩，最常规的方法就是安装一个尾桨，由尾桨旋转所产生的力矩来抵消主旋翼的反扭矩，保证直升机的平衡飞行。

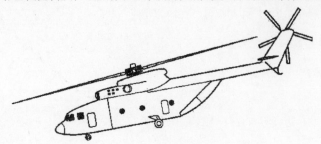

图 1.11　主旋翼—尾桨布局的传统直升机

需要说明的是，直升机的发明是在研究和探索旋翼类飞行器的艰苦过程中逐步实现的，这里只是借鉴这种主旋翼—尾桨的成熟设计来说明反扭矩的存在及配平方法。而在旋翼类飞行器的早期设计时，人们最容易想到的是采用合理布局的多旋翼方案，通过多个旋翼彼此反转来解决相互间反扭矩的配平问题。可惜因为当时科学技术和制造工艺的限制，以及高昂的成本，研制的各类飞行样机在速度、载质量、飞行范围和续航性等方面都难以达到预定的期望值。

②多个旋翼的稳定与操纵问题。从定义来看，多旋翼必须具备 3 个及以上的旋翼轴，这种机体结构属于非线性(不稳定)、欠驱动(不能完整驱动)系统，多个旋翼之间升力大小的协调平衡要想完全依靠人手来调控几乎是不可能的。要想操纵多旋翼稳定飞行，驾驶员需要密切关注飞行器的姿态和轨迹，脑、眼、手、足等必须时时刻刻处于高度紧张的工作状态，人的控制精度很难满足实际作业需求。而且，人眼的有效视距是非常有限的，距离越远，控制精度越差，人为飞行控制更是难上加难，一旦飞行器翻过来之后基本没办法控制回来，"炸"机也就在所难免了。

当然，众所周知，解决多旋翼操纵难题的最好方法是利用自动控制器（飞控）来控制飞行器的姿态，而控制姿态的前提则是需要通过惯性导航系统来获取姿态及位置信息。可惜的是，在 20 世纪 90 年代之前，惯性导航系统因体积和自重过大而无法在多旋翼中使用；同时，传感器和微控制器等软硬件技术的不成熟，导致多旋翼的姿态检测和控制等受到极大局限，难以进入真正的实用阶段。

事实上，多旋翼的探索和研究起步较早，1907 年就有研制样机成功试飞的历史记录，其设计理念的先进性在后续探索过程中还一度得到过军方的重视。例如，美国陆军就曾在 20 世纪 50 年代对一种被称为"飞行吉普"的多旋翼飞行器进行过技术测试，如图 1.12 所示。但正如上文所述，一些关键节点上的技术和手段限制，使得多旋翼飞行器几乎没有进入真正意义上的实用阶段。主要技术障碍表现在：

a. 惯性导航系统体积庞大，质量达数十千克，难以应用在小型飞行器上；

b. 自动控制系统技术不成熟；

c. 电子计算机体积过大，运算速度慢。

图 1.12　"飞行吉普"多旋翼飞行器

（2）复苏期（20 世纪 90 年代初至 2005 年）

20 世纪 90 年代之后，随着微机电系统（Micro-Electro-Mechanical System，MEMS）研究的成熟，质量只有几克的 MEMS 惯性导航系统被开发运用，使制作多旋翼飞行器的自动驾驶仪成为现实。此时，尽管四旋翼的概念与军事试验渐行渐远，但因微型自驾仪的应用，加上设计制造更为简单、飞行操纵更易掌握，四轴飞行器开始以独特的方式通过遥控"玩具"市场进入消费领域。

至于多旋翼无人机的工业级应用，尚需突破两个"瓶颈"：首先，MEMS 传感器数据噪声很大，不能直接读取使用，必须研究消除噪声的各种数学算法，而这些算法又依赖单片机运算速度的提高；其次，多旋翼飞行器是一种非线性系统结构（欠驱动系统），科研人员需要花费相当长的时间进行研究和理解，并为其建模、设计控制算法、实现稳定的操纵与控制方案。

（3）重新崛起期（2005—2010 年）

2005 年是多旋翼无人机发展的重要转折点。在这一年，伴随着微系统、传感器以及自动控制理论等技术的快速发展，稳定可靠的多旋翼无人机自动控制器研制成功，有关多旋翼飞行器的学术研究开始获得人们的广泛关注。还在 20 世纪 90 年代早期，美国工程师 Mike Dammar 开发了自己的由电池供电的四轴飞行器。当他来到 Spectrolutions 公司工作时，他以 Roswell Flyer 的名字销售这款产品，之后又被改名为 Draganflyer，2004 年，Spectrolutions 公司正式推出 Draganflyer Ⅳ 四旋翼，并随后在 2006 年推出搭载 SAVS（稳定航拍视频系统）的成熟产品，如图 1.13 所示。

2005 年 10 月，全球领先的垂直起降四旋翼无人机系统开发商 microdrones GmbH 在德国成立，2006 年推出的 md4-200 四旋翼，开创了电动四旋翼在专业领域应用的先河。2010 年推出的 md4-1000 四旋翼无人机系统（图 1.14），拥有更大的任务载荷、更强的抗风能力、更长的续航时间、更优秀的姿态控制，并由此在全球专业无人机市场取得空前成功。

图 1.13 搭载 SAVS 的 Draganflyer 四旋翼原型样机　　　图 1.14 md4-1000 四旋翼无人机系统

至此,之前一直被各种技术瓶颈限制的多旋翼飞行器瞬间被炒得火热,其小巧、稳定、可垂直起降、机械结构简单等特点及潜在的商业价值使研究者蜂拥而至,纷纷开始多旋翼飞行器的研发和使用。2006 年,德国人 H. Buss 和 I. Busker 主导了一个四轴开源项目,从飞控到电调等全部开源,推出了四轴飞行器最具参考的自驾仪 Mikrokopter。2007 年,配备 Mikrokopter 的四旋翼像"空中的钉子"一般停留在空中。

这一时期,虽然对多旋翼理论和算法的解释已经通俗易懂,但其发展仍存在一些束缚。首先,组装一架多旋翼并不是一件容易的事情,其难点在飞行器的组装,特别是飞控的调试环节;其次,尽管德国 Microdrones 较早地推出了易操作的工业级四旋翼,但其价格对于普通消费者来说还是遥不可及;最后,消费级的四旋翼 Draganflyer 因操控性及娱乐性不强(智能手机或平版电脑尚未普及)、二次开发能力弱、销售渠道窄(电商网络处于初步发展阶段)等原因难以被推广。

(4)复兴爆发期(2010 年以后)

2010 年是多旋翼无人机大发展的元年。在这一年,法国 Parrot 公司经过多年的努力发布了世界上第一款真正受到大众关注的四旋翼无人机 AR. Drone(图 1.15),从而开启了多旋翼消费的新时代。AR. Drone 在技术和理念上的先进性具体表现在:

图 1.15 AR. Drone 消费级四旋翼无人机

①采用光流技术,测量飞行器速度,使得 AR. Drone 四旋翼能够在室内悬停;
②可以做到一键起飞,操控性得到极大提升;

③采用手机、平板或笔记本电脑控制,视频能够直接回传至电脑,娱乐感十足;

④整个飞行器为一体化设计,并带有防护装置,安全系数较高;

⑤开放了 API 接口,可供科研人员进一步开发应用。

实际上,对多旋翼无人机大发展具有重大意义的事件还有开源飞控代码的公布和发展,因为多旋翼无人机研制最核心的知识在于飞行控制算法的设计和程序编号。2007—2009 年,德国最早公布了自己比较完善的 MK 飞控代码,引来众多爱好者开始研究和制作飞控。2010 年,法国人 Alex 在模型网站 Regroups 发布了他的 Multiwii 飞控程序,彻底将多旋翼无人机的制作拉到了大众化水平。Multiwii 使用数字传感器,通过 IIC 数据总线传输数据,因此比之前的模拟传感器飞控更加方便且小型化,其使用的控制器也是非常大众化的 Arduino。虽然 Multiwii 程序写得并非特别易读,但在硬件方面,直到今天也是最简单、坚实的飞控之一。此后,之前不具备多旋翼控制功能的开源自驾仪纷纷增加了多旋翼这一功能,同时也有新的开源自驾仪不断加入,这极大地降低了初学者的门槛,使制造多旋翼无人机在飞控硬件制作或购买配件组装方面变得比较容易,成本进一步降低。

两年后,中国大疆创新借鉴其设计理念,推出精灵 Phantom 四旋翼一体机,如图 1.16 所示。Phantom 与 AR. Drone 一样控制简便,初学者很快便可上手。同时,价格也能被普通消费者接受。相比 AR. Drone 四旋翼飞行器,Phantom 具备一定的抗风性能、定位功能和载重能力,还可搭载小型相机。当时利用 Gopro 运动相机拍摄极限运动已经成为欧美年轻人竞相追逐的时尚潮流,因此 Phantom 一体机一经推出便迅速走红。

图 1.16　DJI 精灵 Phantom

之后,大疆创新、零度等许多公司除了在市场上积极销售成品机外,还顺应欧美国家盛行的 DIY 潮流,在国内外大力推销组装四旋翼无人机所需要的成套软硬件的零配件,并附有详细的装配说明书,人们经过简单的学习,就能动手组装一架属于"自己制造"的、值得自豪的飞机。这种市场推销手法既让所有崇尚 DIY 精神的人为之振奋,跃跃欲试,又像是星星之火,点燃了人们心中自幼就有的"飞行梦想"。随着 DIY 四旋翼无人机活动的流行,众多爱好者的参与不仅对多旋翼无人机产业大发展做出了贡献,还很好地起到了擂鼓助威、宣传普及的重要作用。

与此同时,学术界也开始高度重视和关注多旋翼飞行器技术。2012 年 2 月,美国宾夕法尼亚大学的 V. Kumar 教授在 TED 大会上做了四旋翼飞行器发展历史上里程碑式的演讲,演讲题为"自主控制型灵活四轴飞行机器人",并展示了四旋翼的灵活性以及编队协作能力。这场充满数学公式的演讲大受欢迎,它让世人看到了多旋翼的内在潜能。自此之后,多旋翼飞行器受到的关注度迅速提升,成为新的商业焦点,在全球范围内掀起了一股将多旋翼飞行器商业化的热潮,引导多旋翼飞行器进入大规模快速发展期。

随着多旋翼无人机的生产和应用在国内外蓬勃发展,特别是低空、慢速、微轻型多旋翼无人机数量的快速增加,以及多旋翼无人机技术的快速进步和商业销售市场的迅速扩展,人们开始将目光转向大型、快速、便捷、航程大的载人多旋翼飞行器的开发研制,载人化将是多旋翼无人机今后最重要的转型发展趋势。

任务 1.2　飞行与操纵原理

1.2.1　气动布局

旋翼是气动部件,所以多旋翼无人机可以以旋翼的排列形式来进行气动布局分类,而不像固定翼那样以配平的方式。

(1)按旋翼数量

根据多旋翼无人机所具有的旋翼(螺旋桨)数量,可分为四、六、八、十二、十六旋翼等多种类型,如图 1.17 所示。不同旋翼数量的构型,其空气动力特性也各具特色。

这其中,四旋翼是结构简单、飞行效率相对高效的一种常见的多旋翼结构,也是目前市场上保有量最大的多旋翼飞行器类型。但需注意:四旋翼没有动力冗余,任何一个电机出现问题停转,飞行器都将无法控制而"炸"机。而六旋翼以上的设计则实现了动力冗余,即在出现一个电机停转的情况下依然可将飞行器安全降落,方法是让对角的电机也停止转动。所以四旋翼机动性好,能够做出 3D 特技飞行,是许多玩家的最爱,而六旋翼、八旋翼等稳定性佳,是航空摄影摄像的良好平台。

(2)按旋翼分布位置

根据最前与最后两个旋翼轴的连线与机体前进方向是否在同一直线上,可将多旋翼无人机划分为"+"(或称"I"型)和"X"型两种。如果连线与前进方向在同一直线上则为"+"型多旋翼,否则为"X"型多旋翼,如图 1.17 所示。

由于"X"型结构在搭载实用载荷时,其前方的视野比"+"型的更加开阔,所以在实际应用中,多旋翼无人机大多采用"X"型外形结构。

"X"型多旋翼气动布局还有"H"型和环型结构两种拓展形式,"H"型多旋翼与"X"型的气动布局类似,通常被设计为折叠结构,因便于携带而受到广泛青睐,如图 1.18 所示为 DJI 大疆航拍旗舰新品御 Mavic2;环型结构多旋翼在植保和测绘领域应用较多,由于增加了机架结构强度,可有效避免飞行中机架所产生的振动;但机架质量增加也会导致转动惯量增大,灵活性降低,如图 1.19 所示为极飞 C2000 型智能测绘无人机。

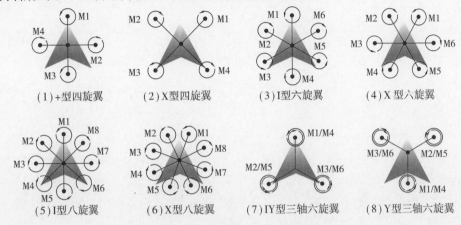

图 1.17　多旋翼气动布局图例

图 1.18　大疆御 Mavic2 四轴飞行器

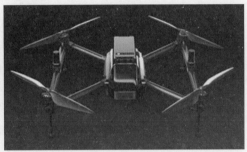

图 1.19　极飞 C2000 智能测绘无人机

(3)按共轴发动机数量

为了在不增大体积的情况下使多旋翼无人机的马力(总功率)更大,最简单的办法是把两个电机上下叠放,分别驱动两个大小相同、转向相反的旋翼,达到平衡反扭矩的目的。其气动构型如图1.17 中(7)和(8)所示,具体包括 IY 型共轴双桨三轴六旋翼(图 1.20)、Y 型共轴双桨三轴六旋翼和 V型共轴双桨四轴八旋翼等。

图 1.20　IY 型共轴双桨三轴六旋翼

共轴双桨多旋翼虽然能节省空间,增加载重并减少螺旋桨对相机视场的遮挡,但由于上下叠放的两个旋翼之间存在着较大的空气动力干扰,会导致效率下降20%,即双桨一般相当于 1.6 个单桨。

1.2.2　飞行原理

如定义所述,多旋翼无人机是在平衡多个旋翼反扭矩的基础上,再通过改变各旋翼转速获得推进力,进而实现对其运动姿态和轨迹的控制。

(1)正、反桨相邻布局

为平衡反扭矩,需引入正、反桨的概念,规定逆时针旋转的桨为正桨,用"CCW"标记,与逆时针旋转的电机搭配;顺时针旋转的桨为反桨,用"CW"标记,与顺时针旋转的电机搭配。判断正、反桨的方法是:螺旋桨横着放在桌面上,桨叶有字的一面向上,右边桨叶的迎风面在后面的是正桨,右边桨叶的迎风面在前面的是反桨,如图1.21所示。桨缘是平滑弧线的一面为迎风面,可以理解为固定翼飞机机翼的前缘。

图1.21　正、反桨的判别方法

多旋翼均采用轴对称或中心对称结构设计且正、反桨相邻布局。以"X"型四旋翼为例(图1.22):规定红色机臂为机头方向,白色机臂为机尾方向,电机 M1 和电机 M3 逆时针旋转,电机 M2 和电机 M4 顺时针旋转,即相邻的桨旋转方向相反。

这样的设计保证了飞行器平衡飞行时,陀螺效应和空气动力扭矩效应全部被抵消。陀螺效应是指物体转动时的离心力会使自身保持平衡;而空气动力扭矩效应是指气动面的反向作用力矩,即螺旋桨会对机身产生反向旋转。

(2)机体坐标系与三轴运动

规定飞机重心为坐标原点,从机尾到机头的坐标轴为纵轴(OX 轴),旋转平面内垂直于纵轴的坐标轴为横轴(OY 轴),垂直于旋转平面的坐标轴为立轴(OZ 轴),如图1.23所示。

确定了机体坐标系后,多旋翼在空中的运动可以看成是沿3个坐标轴移动和绕3个坐标轴转动的合成,具体如下:沿纵轴(X 轴)→前后运动,绕纵轴→滚转(横侧)运动;沿横轴(Y 轴)→左右运动,绕横轴→俯仰运动;沿立轴(Z 轴)→升降运动,绕立轴→偏航(方向)运动。一般情况下,多旋翼飞行器可以通过调节不同电机的转速来实现上述运动。由于俯仰导致前后运动,滚转导致左右运动,所以通常我们所看到的多旋翼运动状态,就是升降、前后、左右、原地旋转(偏航)等4种运动。

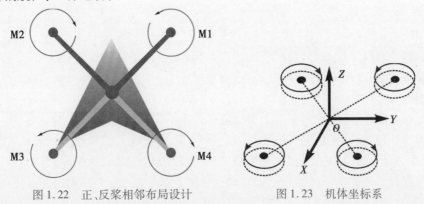

图 1.22　正、反桨相邻布局设计　　　　图 1.23　机体坐标系

(3)"+"型多旋翼运动解析

以四旋翼为例,其他如六旋翼、八旋翼等可类比分析。

1)升降运动

同时增加或减小4个电机的输出功率,旋翼转速增加使得升力增大,当升力足以克服整机飞行器自身重力时,飞行器离地垂直上升,反之下降,直至平衡落地;当旋翼产生的升力等于飞行器自身重力时,飞行器便保持空中悬停状态。所以,保证4个旋翼转速同步增加或减小是垂直运动的关键,如图1.24所示。

2)俯仰→前后运动

电机1转速下降,电机3转速上升,电机2、4的转速保持不变。为了不因为旋翼转速改变引起整体扭矩及总升力改变,旋翼1与旋翼3转速改变量应保持相等。此时,旋翼1升力下降,旋翼3升力上升,导致飞机产生低头力矩并使机身绕横轴旋转,实现俯仰运动,如图1.25所示。

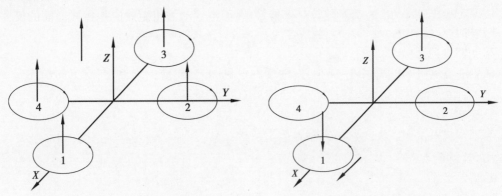

图 1.24　"+"型多旋翼升降运动　　　　图 1.25　"+"型多旋翼前后运动

俯仰运动的出现使得飞行器发生一定程度的倾斜,从而使升力产生朝向机头的水平分

量,实现飞行器的前飞运动。同理,当电机 1 转速上升,电机 3 转速下降,电机 2、4 的转速保持不变时,飞行器实现向后飞行。

3）滚转→左右运动

类比"俯仰→前后运动"分析可知,电机 2 转速上升,电机 4 转速下降,电机 1、3 转速保持不变时,飞机向右运动;电机 2 转速下降,电机 4 转速上升,电机 1、3 转速保持不变时,飞机向左运动。参见图 1.25,注意机头朝向。

4）偏航运动

电机 1 和电机 3 转速上升,电机 2 和电机 4 转速下降,旋翼 1、3 对机身的反扭矩大于旋翼 2、4,富余反扭矩使机身绕立轴转动,实现偏航运动,转向与电机 1、电机 3 的转向相反,即机头朝右,如图 1.26 所示。同理,电机 1 和电机 3 转速下降,电机 2 和电机 4 转速上升时,实现机头朝左偏航运动。

（4）"X"型多旋翼运动解析

"X"型多旋翼空间运动与"+"型多旋翼类似,此时关注更多的应该是机体的坐标轴,如图 1.27 所示。

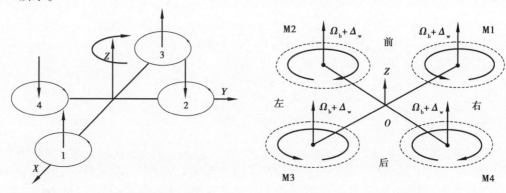

图 1.26 "+"型多旋翼偏航运动　　　　图 1.27 "X"型多旋翼运动解析

1）升降运动

同时增大或减小电机 M1、M2、M3、M4 的转速,可实现飞行器的升降运动。

2）俯仰→前后运动

横轴前方电机 M1、M2 转速减小,横轴后方电机 M3、M4 转速增大,四旋翼向前飞行。反之,M1、M2 转速增大,M3、M4 转速减小,四旋翼向后飞行。

3）滚转→左右运动

纵轴左侧电机 M2、M3 减速,纵轴右侧电机 M1、M4 加速,飞行器向左运动;反之,M2、M3 加速而 M1、M4 减速时,飞行器向右运动。

4）偏航运动

对角电机 M1 和 M3 加速,电机 M2 和 M4 减速,飞行器向右偏航,即机头朝右;反之,电机 M1 和 M3 减速,电机 M2 和 M4 加速,飞行器向左偏航,即机头朝左转向。

1.2.3　操纵方式

多旋翼的飞行有视距内和超视距两种方式,视距内通常采用手持遥控器操纵,而超视距则通过地面站和遥控器的配合使用来实现飞行器的安全操纵。遥控器操纵主要是油门、偏航、升降和副翼四个摇杆,分美国手和日本手两种模式,区别是左手油门和右手的升降摇杆位置互换,如图 1.28 所示。

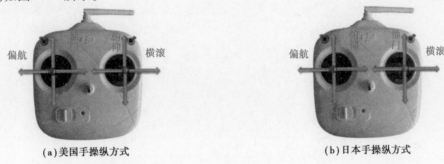

(a)美国手操纵方式　　　　　　　　　　　　(b)日本手操纵方式

图 1.28　美国手和日本手遥控器操纵摇杆对比

这里以美国手遥控器为例来说明多旋翼的操纵方式,关于遥控器各项参数的具体设置后文将有专门的章节进行详细的介绍。

(1)左手油门摇杆

左手垂直方向为油门摇杆,对应于升降运动,向上推杆飞行器上升,向下拉杆飞行器下降,中位时高度保持不变。飞行器起飞时,必须将油门杆往上推过中位,等起飞到一定高度时再回中。

(2)左手方向摇杆

左手水平方向为偏航摇杆,对应于航向运动,左打杆飞行器机头朝左逆时针旋转,右打杆机头朝右顺时针旋转,中位不转。杆量决定旋转的角速度,杆量越大,飞行器转得越快。

(3)右手升降摇杆

右手垂直方向为升降摇杆,也称俯仰摇杆,对应于前后运动,向前推杆飞行器前飞,向后拉杆飞行器后飞,中位时保持水平。杆量决定飞行器绕横轴倾斜的角度,杆量越大,俯仰角越大,前后速度也越快。

（4）右手副翼摇杆

右手水平方向为副翼摇杆,也称横滚摇杆,对应于左右运动,左打杆飞行器向左飞行,右打杆向右,中位保持水平。杆量决定飞行器绕纵轴滚转的角度,杆量越大,滚转角越大,左右速度也越快。

任务1.3　分类及飞行管理

1.3.1　常见类型与典型应用

根据总体结构、外形、操纵手段、使用需求等内容,多旋翼无人机可以有不同的分类方法,不同类型的无人机对应着相应的行业应用领域。

（1）常见类型

在此选择与行业应用较为紧密的3种分类方法予以说明。

（1）按动力类型

从旋翼空气动力原理角度分析,多旋翼无人机螺旋桨旋转所产生的升力,不仅取决于转速,还取决于桨距。换句话说,调节旋翼转速和桨距都可以调节升力的大小。如果多旋翼无人机以电动机作为动力来源,仅采用电子调速装置来改变旋翼转速并调节升力大小就非常简单方便了;如果因特殊应用必须以燃油发动机作为动力来源,由于燃油发动机的最佳功率对应的转速是固定不变的,因此就不能采取变速的方法,只能通过改变螺旋桨桨距的方法来调节升力的大小。

①电动多旋翼无人机。以电机作为动力来源,是目前多旋翼无人机的主流机型,特别适合个人DIY组装。其动力系统由电池、电调、电机和螺旋桨等4部分组成,电池一般采用高能量密度的锂聚合物电池,氢燃料、太阳能等新能源电池因受制于现有技术和成本,暂时还无法普及;电调和电机是无人机动力系统的核心,对于无人机的整体稳定性和动态特性起着关键作用,目前的配置均为无刷电调和无刷电机;螺旋桨的桨距固定不变,升力的大小取决于螺旋桨的转速。

②油动多旋翼无人机。以燃油发动机作为动力来源,例如活塞式发动机、定轴涡轮发动机等。一般采用燃油直驱和油动变距两种技术途径,较好解决了制约多旋翼无人机应用的两个痛点:载重与续航,但技术仍有待进一步发展。

油动直驱就是通过直接改变发动机转速来控制无人机的姿态飞行,与电动多旋翼的驱动方式及原理基本一样;油动变距是通过改变螺旋桨的桨距来改变其升力的大小,这是由于燃油发动机的最佳功率对应的转速是固定不变的。与传统单旋翼直升机的最大区别是只操纵旋翼总距,而不是周期变距,相当于取消了自动倾斜器、液压系统和尾桨,从而大大简化了总体结构。

2)按市场定位

多旋翼无人机按其应用市场定位,包括机型、动力、航时、载重和售价等,可分为 3 种类型。

①工业级:大多为油动变距型,旋翼直径大,长航时,大载重,广泛应用于农业、电力、安防、侦测和对地攻击等民用和军用领域,售价为几十万元甚至几千万元不等。

②商用级:油动、电动或油动混合等均有分布,航时和载重介于工业级和消费级之间,售价在十几万元到几十万元。

③消费级:大多为电动变速型,螺旋桨直径小,结构简单易操控,航时短,载重小,比较适合个人使用,售价为几千元或几万元。

3)按运营管理

参考民航局飞行标准司最新颁布的《民用无人机驾驶员管理规定》(2018 年 8 月 31 日),民用无人机(含多旋翼)依据其运营管理可分为以下 7 类,见表 1.1。

表 1.1　民用无人机按运营管理分类

分类	空机质量/kg	起飞质量/kg
I	$0<W \leqslant 0.25$	
II	$0.25<W \leqslant 4$	$1.5<W \leqslant 7$
III	$4<W \leqslant 15$	$7<W \leqslant 25$
IV	$15<W \leqslant 116$	$25<W \leqslant 150$
V	植保类无人机	
XI	$116<W \leqslant 5\ 700$	$150<W \leqslant 5\ 700$
XII	$W>5\ 700$	

注:1. 在实际运行中,III、IV、XI 分类有交叉时,按照较高要求的一类分类。

2. 对于串、并列运行或者编队运行的无人机,按照总质量分类。

3. 地方政府(例如当地公安部门)对于 I、II 类无人机质量界限低于本表规定的,以地方政府的具体要求为准。

(2)典型应用

多旋翼无人机相较于其他无人机具有得天独厚的优势,与固定翼飞机相比,它具有可垂直起降、定点盘旋的优点;与单旋翼直升机相比,具有机械结构简单、安全性高、使用成本低等优点。这些优点使得多旋翼无人机不论是在军用还是在民用领域都获得了非常广泛的应用。

1)军用领域

无人机最早的应用起源于军事需求,迄今为止,军事领域的应用仍以固定翼无人机为主力机型。相比固定翼无人机,多旋翼无人机在续航时间、飞行速度以及升限上劣势较为明显,特别是在负重量大、高海拔飞行时,续航时间将会大幅缩减。因此,多旋翼无人机并不太适合大纵深机动作战,也无法实现高空长航时侦察监视,并且难以携带大量弹药进行毁伤打击,这是目前多旋翼无人机在军事领域应用较少的主要原因。

但是,多旋翼也有固定翼所难以具备的优良特性,例如,多旋翼无人机体型较小,噪声低,红外特征不明显,可超低空飞行,不易被发现;起降方式为垂直起降,在飞行范围内完全可控,精准悬停等。这些特征使其在城市、林地等复杂地形环境实施特种作战时,其使用效果要明显优于始终处于高速飞行状态下的固定翼无人机。甚至在条件允许时,可以潜入室内、山洞、地下建筑等,实施零距离的一线侦察与毁伤打击,这是固定翼无人机无法做到的。

又如,多旋翼无人机的悬停特性,可以对小范围固定区域实施高强度战场监视,而垂直起降特性使其起降平台可以是舰船、装甲车辆、运输机等,与其他装备的协同性很高。多旋翼无人机的通用性也十分可观,不同于固定翼无人机任务载荷设计,必须符合整机空气动力学要求,多旋翼无人机携带实用载荷质量、外形不会受到各种限制,一架可以投放物资的多旋翼无人机同样可用来投放炸弹。

归纳多旋翼无人机的上述特性,结合现代战争需求以及目前全球无人机行业在多旋翼无人机军用化领域做出的一些研究,预期多旋翼无人机的军用应用及作战模式会在以下几个方面逐步实施探索。

①复杂地形环境下的 ISR(情报、侦察和监视)。

执行城市、丛林作战等复杂地形环境下的侦察、监视、跟踪和识别,协同其他武器装备完成目标指示、炮火校射与毁伤评估等;或者,使用微型多旋翼无人机潜入山洞、室内、地下建筑等完成侦察、识别,协同特种作战人员完成室内近距离战斗(CQB)。

②随行护卫。

随装甲车辆、舰船等配备,担负前出探索、侧翼护卫、驻扎警戒等职责,探测潜在威胁并实施有效拦截。

③精准毁伤打击。

利用多旋翼无人机体型小、红外特征不明显的优势潜入敌后,采用雷达探测技术完成自主飞行,智能控制躲避抓捕,高清摄像头与图像识别技术融合对敌方关键人物、油库、弹药库、通信设备等重点目标进行搜索与识别,并使用携带的微型弹药完成击杀。

④集群作战。

可经由地面站分配,多机协同悬停于各自指定位置实现对重点作战区域全覆盖和高强度监视,或者围绕己方受保护的重点目标组成立体防护网,多角度发现敌方攻击征兆和来袭目标,并快速响应实施拦截包围。

2)民用领域

作为高新技术产业之一,我国民用无人机的爆炸式发展与市场份额的不断扩大,催生出资本持续流入、技术快速进步的发展态势,形成了较好的良性循环。特别是多旋翼无人机关键技术,在全球始终保持着较大的技术优势。多旋翼无人机广泛应用在国民经济的多个领域,其中已形成规模效应的成熟应用,表现在以下 3 个方面。

①航拍/航测。

无人机航拍/航测系统是一种高度智能化、稳定可靠、作业能力强的低空遥感系统,其组成通常包括多旋翼无人机、数据获取系统、地面控制系统和配套作业软件(航线规划软件、航摄影像质量检查软件、影像处理软件)等。系统以无人机为飞行平台,利用高分辨率相机系统获取遥感影像,利用空中和地面控制系统实现自动拍摄、获取影像、航迹规划和监控、信息数据压缩以及自动传输、影像预处理等功能。

无人机航拍/航测系统的作业优势体现在:与卫星遥感相比,无人机航高较低,可在云下飞行,因此对天气的要求相对较低,并且所拍影像分辨率高、实时性好、自主性强;与普通有人机遥感系统相比,无人机航拍操作更加方便,起飞降落受场地限制较小,易于转场,且能够到达人无法涉足的危险区。

目前,以多旋翼为飞行平台的航拍/航测技术已在许多领域得到成熟应用,如地籍测量、全国土地使用变更调查监测与核查、气象勘探以及地质灾害监测等。

②农药喷洒。

病虫害对粮食作物产量影响巨大。喷洒农药是目前病虫害防治的重要措施之一,也是田间最累、最危险的工作。全国每年因使用农药而中毒的人数高达数万人。利用无人机进行农药喷洒有诸多优点,例如,人体基本无须直接接触农药,减少了农药对农户的化学伤害;由于是空中喷洒,减少了对粮食作物的机械损伤;喷洒农药时,无人机进行的是超低空飞行,这就回避了严格的空中管制;多旋翼无人机起降方便,可适用于田间、山地等多种地理条件;无人机采用GPS定位和自主飞行控制,随着技术的成熟,准确性日益提高,保证了喷洒作业的精度和安全性。目前,无人机农林植保技术已形成规模化趋势,产业前景十分广泛。

③电力巡线。

电力线路巡视是电力系统重要的日常维护性工作之一。随着电力系统对稳定性和可靠性的要求越来越高,传统的人工巡视已经不能满足目前的工作需要。在人工巡视工作中,工人劳动强度大、效率低;而且巡视结果很大程度上依赖于人的主观感受,很有可能误判漏判,也难以复查;另外,部分地区因巡视人员无法靠近而难以开展有效的巡视工作。为克服上述困难,欧美等国在20世纪50年代开始尝试利用有人直升机进行巡线、带电作业和线路施工等工作。随着无人机技术的发展,其在质量、体积、机动性、费用、安全性等方面的优势都比通用直升机更明显,因此,利用无人机,特别是多旋翼无人机进行巡线,逐步成为电力行业的研究热点。

电力线路巡视主要分为正常巡视、故障巡视和特殊巡视3类。正常巡视主要是针对线路本体(包括杆塔、接地装置、绝缘子、线缆等)、附属设施(包括防雷、防鸟、防冰、防雾装置,各类监测装置、标识警示设施等)以及通道环境的周期性检查。故障巡视是在线路发生故障后进行检查,巡视范围可能是故障区域,也可能是完整的输电线路。特殊巡视是在气候剧烈变化、自然灾害、外力影响、异常运行以及对电网安全稳定运行有特殊要求时进行检查。

电力巡线的任务载荷涉及可见光成像、红外成像和紫外成像等技术,因此设备价格较为昂贵。通常情况下,一个完整的电力设施检测应该包括紫外成像、红外成像和可见光检测等各类手段,美国电力研究会对电网检测的数据统计,在所有发现的问题中,50%是紫外发现的,28%是红外发现的,22%是可见光发现的。

1.3.2 飞行管理

在民用无人机迅猛发展的大背景下,其安全问题也成为公众关注的焦点。国内曾经发生过无人机违法飞行对民航客机产生影响的事件,也发生过无人机危及地面人员生命财产安全的事件。在此情况下,民航局陆续颁布了一系列文件来规范管理无人机的审定与运营工作,以保障航空安全。多旋翼无人机属于无人机的范畴,因此也必须遵守无人机相关的法律法规。

(1)民用航空空域划分

空域是指根据飞行训练和飞行作业(作战)需要而划定的一定范围的空间,通常以明显地标或导航台为标志,它表明了各类航空器飞行的空间环境。

空域是重要的国家资源,事关国家主权,受到军队的严格控制、保护和管理。和平时期,为了保证飞行安全及提高运行效率,航空器运行的空间被划分成各类空域,用以规范航空器的运行及相应的空中交通服务。空域管理与使用是面向公众的公共服务,以保障空域得到合理、充分和有效地运用。我国民用航空空域分为以下几类:

1)飞行情报区

飞行情报区是指为提供飞航情报服务和告警服务而划定范围的空间。根据实施空中交通业务的需要,大多数国家将其所辖空域划成若干飞行情报区,而公海上空的飞行情报区,则是根据国际民用航空组织 ICAO(International Civil Aviation Organization)航行协议划分的,并委托《国际民用航空公约》的缔约国提供空中交通业务。

需要说明的是,飞行情报区与领空是完全不同的两个概念,与防空识别区的含义也不尽相同。飞行情报区有不少跨越领空的案例,但在飞行管理上必须尊重各国领空主权。中国共划分沈阳、北京、上海、昆明、广州、武汉、兰州、乌鲁木齐、三亚、香港和台北 11 个飞行情报区。

2)空中交通服务空域

空中交通服务空域是指规定范围的空域,在其规定区间内可进行特定种类的飞行,并为之规定了运行规则和空中交通服务,分为管制空域和非管制空域。

①管制空域。

管制空域通常用字母予以标明,我国将管制空域分为 A、B、C、D 4 类。

A 类空域:高空管制空域,高度下限 6 600 m(含),直至巡航高度层上限。A 类空域只允许 IFR（Instrument Flight Rules:仪表飞行规则）飞行,并对所有在其中飞行的航空器提供空中交通管制 ATC(Air Traffic Control)服务。

B 类空域:中低空管制空域,高度上限在 6 600 m(不含)以下。B 类空域接受 IFR 飞行和 VFR（Visual Flight Rules:目视飞行规则）飞行,并对在其中飞行的航空器提供空中交通管制 ATC。

C 类空域:接近管制空域(终端管制区),通常设置在机场附近,便于进场和离场航空器飞行。垂直高度在 6 000 m(含)以下,水平范围为以机场基准点为中心,半径 50 km 的空间。C 类空域接受 IFR 飞行和 VFR 飞行,并提供 ATC。

D 类空域:塔台管制空域(机场管制地带),通常包括起落航线、第一等待高度层及其以下地表以上的空间和机场机动区。D 类空域接受 IFR 飞行和 VFR 飞行,并提供 ATC,且 ATC 由塔台管制室负责。

②非管制空域。

可以直接理解为管制空域以外的空域,在该空域内不提供 ATC 服务。和管制空域相比较,非管制空域的管理相对宽松,飞行安全由飞行员本人负责。

3)特殊空域

特殊空域是指为了政治、军事或科学试验需要,经国务院和中央军委批准划设的区域,该区域通常限制或禁止民用航空器进入。主要包括以下 3 种类型:

①禁航空域(禁区)。

禁区是禁止航空器飞行的一个划定范围的空域,通常是为了特殊用途和保护重要的国家和公众利益,由国务院和中央军委划定,未经批准,任何人不得驾驶民用航空器在禁航空域内飞行。

②限制空域(限制区)。

限制空域是在一个国家的陆地或领海上空根据某些规定条件限制航空器飞行的一个划定范围的空域,如飞行空域、炮射区、靶场等。

③危险空域(危险区)。

危险空域是一个划定范围的空域,在规定的时间内,此空域可能存在对航空器飞行有危险的活动。危险区应当公布危险期时段、高度范围和危险区的原因等。

4)航路与航线

①航路。

在我国,航路的宽度(即航路保护区的宽度)为航路中心线两侧各 10 km。

②航线。

满足定期航班需求而尚未建立航路的航线称为固定航线;由于临时性的航空运输或通用航空飞行的需要在航路和固定航线之外飞行的航线称为临时航线。航线导航设备不能保证航空器进行 IFR 飞行时,应进行 VFR 飞行。

(2)低空空域划分

民用航空飞行高度一般在 6 000 m 以上,而低空空域则是指 1 000 m 以下的飞行区域。我国已经开放低空空域,给广大老百姓的私人飞行器(包括有人驾驶和无人机驾驶的飞行器)使用。我国低空空域分管制空域、监视空域和报告空域 3 类。

1)管制空域

通常划设在飞行比较繁忙的地区(机场起降地带、空中禁区、危险区、限制区、地面重要目标、国境地带等)上空。在此空域内的一切使用活动,必须经过飞行管制部门批准并接受飞行管制。其准入条件包括:

飞行计划获得许可;航空器配备高频通信设备、高精度高度表、二次雷达应答机和广播式自动相关监视设备(ADS-B);无线电保持持续双向畅通;民用航空器驾驶员实施目视飞行最低应持有私人执照或运动执照、学生执照,实施仪表飞行最低应持有私人执照。

2)监视空域

划设在管制空域周围。在此空域内的一切使用活动,用户向飞行管制部门报备飞行计划

后,即可自行组织实施并对飞行安全负责,飞行管制部门严密监视空域使用活动,并提供飞行情报服务和告警服务。准入条件包括:

飞行计划已报备;航空器配备甚高频通信设备和广播式自动相关监视设备;无线电保持持续双向畅通;民用航空器驾驶员最低应持有运动执照或学生执照;空域内航空器飞行空速≤450 km/h。

3)报告空域

划设在远离管制空域的上空。在此空域内的一切使用活动,空域用户向飞行管制部门报备飞行计划后,即可自行组织实施并对飞行安全负责,飞行管制部门根据用户需要提供航行情报服务。

准入条件包括:飞行计划已报备;民用航空器驾驶员最低应持有运动执照或学生执照;空域内航空器飞行空速≤450 km/h。

(3)无人机飞行空域划分和分类管理

1)飞行空域划分

包括多旋翼无人机在内的无人机飞行空域主要依靠完善的法规和制度、科学的空域划设、灵活的飞行程序、共享的信息平台、准确的通信和监视来进行管理。无人机飞行空域包括以下类型。

①视距内(Visual Line of Sight, VLOS)运行:无人机在驾驶员或观测员与无人机保持直接目视视觉接触的范围内运行,且该范围为目视视距内半径不大于500 m,人、机相对高度不大于120 m的飞行区域内。

②超视距(Beyond VLOS, BVLOS)运行:无人机在目视视距以外的运行。

③融合空域:有其他有人驾驶航空器同时运行的空域。

④隔离空域:专门分配给无人机系统运行的空域,通过限制其他航空器的进入以规避碰撞风险。

⑤人口稠密区:指城镇、乡村、繁忙道路或大型露天集会场所等区域。

⑥重点地区:指军事要地、核电站和行政中心等关乎国家安全的区域及周边,或地方政府临时划设的区域。

⑦机场净空区:为保护航空器起飞、飞行和降落安全,根据民用机场净空障碍物限制图要求划定的空间范围。

2)无人机飞行管理

①证照管理。

民用无人机按运营管理划分为7类,参见表1.1。除视距内飞行的Ⅰ、Ⅱ类无人机和在室内或拦网内飞行的无人机无需证照管理外,超视距飞行的Ⅰ、Ⅱ类无人机和Ⅲ类及以上级别的无人机均需经过正规培训并获得相应等级的无人机驾驶员执照后,方可合法飞行。

②无人机飞行管理的相关要求。

a.无人机云系统(简称无人机云):是指小型民用无人机运行的动态数据库系统,用于向无人机用户提供航行服务、气象服务等,并对民用无人机运行数据(包括运营信息、位置、高度和速度等)进行实时监测。接入系统的无人机应即时上传飞行数据,无人机云系统对侵入电子围栏的无人机具有报警功能。

b.电子围栏:是指为阻挡即将侵入特定区域的航空器,在相应电子地理范围内划出特定区域,并配合飞行控制系统,保障区域安全的软硬件系统。

c.主动反馈系统:是指运营人主动将航空器的运行信息发送给监视系统。

d.被动反馈系统:是指航空器被雷达、ADS-B系统、北斗等手段从地面进行监视的系统,该反馈信息不经过运营人。

e.民用无人机驾驶员资格要求:民用无人机驾驶应当根据其所驾驶的民用无人机的等级分类,符合《民用无人机驾驶员管理规定》(AC-61-FS-2018-20R2)中关于执照、合格证、等级、训练、考试、检查和航空经历等方面的要求。

f.禁止酒驾:民用无人机驾驶员在饮用任何含酒精的液体之后的8 h之内或处于酒精作用之下或者受到任何药物影响,造成其工作能力下降,对飞行安全造成影响的情况下,不得驾驶无人机。

g.控制能力要求:驾驶员应当能够随时控制无人机,对于使用自主模式的无人机,驾驶员必须能够随时操控。

1.3.3　使用注意事项

多旋翼无人机尽管小巧玲珑,但它不是玩具,而是无人机。使用过程中应牢记注意事项。

(1)影响多旋翼飞行的气象因素

1)风

空气的水平运动形成风。多旋翼无人机具备一定的抗风能力,这种能力来源于动力系统。当风力大于动力系统的最大抗风极限时,无人机将无法正常工作,甚至出现"炸"机事故。即使较小的风,也会导致无人机续航时间缩短,因为无人机需要消耗过多的能量来对抗风的推力。

当气体流经建筑物、树木及其他特定地形时会产生风速和风向的快速变化,导致气流不稳定,严重时会产生低空风切变,这是多旋翼无人机低空飞行的主要危险。因此,尽量注意不要在强对流天气飞行;建议飞行风速在4级(5.5~7.9 m/s)以下,遇到建筑物或峡谷等复杂地形环境时,应随时注意突风现象对飞行,特别是起降的严重影响。

2)雨和雪

雨雪天气往往伴随着阵风,除风的影响外,雨雪中的水滴会造成电路短路或漏电现象,从而影响飞行器的正常工作;同时,多旋翼机械结构中的部分零件为铁或钢等金属材料,进水后会腐蚀或生锈,影响机械结构正常运行。

3)云和雾

云和雾主要影响操纵人员的视线和镜头画面,难以判断实际安全距离;同时,云朵和雾中空气的黏度增大,将使螺旋桨受到更大的空气阻力,从而降低飞行效率。

4)温度

①过低的温度会导致锂聚合物电池的放电能力减弱,从而缩短无人机航时。甚至在有些极端情况下,原本常温下能续航 20 min 的无人机只能续航不到 3 min。因此,低温时一定要做好对电池的保温工作。

②气温的高低,将影响螺旋桨的效率。气温较高时,大气密度小,螺旋桨拉力减小,多旋翼飞行器的最大载重和升限都稍有减小。

③大的温度变化,主要是冬天从低温环境进入高温环境,会产生水汽凝结,严重时会对飞控等电子设备造成损坏。

④海拔越高,温度越低,大气密度也越小。因此,高海拔飞行时,多旋翼无人机的载重和续航时间都可能明显减少。

(2)影响多旋翼飞行的信号因素

1)磁场信号

飞控中磁罗盘(磁航向传感器)所检测的是地磁场信号,而地磁场信号强度相当微弱,所以磁罗盘是多旋翼飞行器最容易受到干扰的电子元件之一。飞行时应注意:

①尽量避免在高压线、大块金属、大量铁质栅栏、磁铁矿脉、停车场、桥洞、带有地下钢筋的建筑等含有大量铁磁性物质的区域附近进行飞行,其自身附带的磁场信号将对飞行器的磁罗盘产生干扰。

②多旋翼飞行器闲置时间过长时,其内部磁罗盘信号有可能产生漂移,所以在较长时间闲置以后重新飞行时,应对磁罗盘进行适时校准。校准时,应注意远离手机、钥匙等铁磁性物质;同时,考虑到地磁场信号在室内易受其建筑物的影响,所以应在室外校准为宜。

2)GPS 信号

GPS 信号是多旋翼飞行器进行定位悬停、航线飞行的基础,GPS 信号不佳将无法实现很多自动功能。GPS 导航及定位原理决定了在一定范围内,接收到的卫星数量越多,其导航的精度也越高,因此,多旋翼无人机最低应接收到 4 颗以上 GPS 卫星信号才能勉强正常飞行。

需要提醒的是,在高大建筑物周围飞行时,无人机可能会因过于接近建筑物而接收不到足够数量的 GPS 信号,导致飞机跳出定点模式转成姿态模式,进而飘移撞上建筑物;还要注意,建筑物中的某些特殊材料可能会反射 GPS 信号,造成 GPS 信号的"多径"现象,即正常的GPS 信号会被反射造成假信号,从而干扰导航系统,导致无人机"乱飞"。

3)无线电信号

多旋翼无人机的图像传输以及遥控控制,主要是通过无线信道进行的。为保证无人机通信链路的通视可控,应设法防止因社会快速发展而形成的各种复杂电磁环境对数据链路造成的干扰。

①目前,主流多旋翼的遥控设备大多采用 2.4 GHz 频段,而家用无线路由器利用的也是这一频段,其发射功率虽然不高,但数量巨大,难免会干扰无人机遥控器的无线操控,可能导致失控。

②为保证手机信号覆盖率,国内三大通信公司(移动、电信、联通)在城市和乡镇地区密集性地建设地面基站网络。虽然其无线电信号的频率和无人机遥控设备相差较大,但由于地面基站发射功率大,无人机靠近时,还是会直接影响飞控的正常工作。

③部分较大型的无线电设备会直接影响多旋翼无人机的飞行,如雷达、广播电视信号塔、高压线形成的电弧区等。

(3)其他需养成的良好习惯

①每次飞行前请对无人机进行必需的全面检查,包括各部组件的连接是否牢靠、正反桨位置是否正确、电池是否满电、各键位是否复位以及天线朝向等。

②开展具体的飞行作业时,应先对飞行区域的地形地貌进行一个初步的了解,选择一个开阔无遮挡的场地进行飞行,如果是视距内飞行,相对高度请不要超过 120 m。

③请尽量避免在人群稠密或闹市区飞行,如公园、丛林、空间狭小的地方等。如果因任务所需必须在这些地区飞行时,除取得相应的飞行许可外,请一定要在视线范围内飞行,时刻保持对飞机的控制;同时,还要关注地面相对环境的实时变化,起飞和降落时要注意小孩和宠物的位置,避免可能出现的飞行事故。

④请遵守当地的法律法规,不要在禁飞区(如机场附近、军事基地周边、明显有禁飞标志的区域等)飞行。

⑤如果是超视距飞行,除具备必需的证照资质外,请一定记住要申报空域。

任务 1.4　风火轮 F450 部组件识别

风火轮(Flame Wheel)450(简称 F450)是大疆创新科技开发的一款四轴飞行器,配合 DJI 的 NAZA 或 WKM 飞控系统,可完成悬停、巡航、甚至滚转等飞行动作,广泛应用于休闲娱乐、航拍以及 FPV 等航模运动中。

F450 作为旋翼无人机中最简单的飞行器,是众多爱好者的入门之选。基于其实惠、性价比高、稳定性好等诸多优点,本书将其作为多旋翼组装、调试与开展飞行实训的主训设备。本任务将对 F450 的分系统及其组成部件进行识别,至于各部件的功能、原理、选型、组装、调试的工艺及要求等,将结合后续实训环节同步进行。

1.4.1　飞行平台

机架组件识别

飞行平台俗称机架,用于安装电机、电调、飞控和接收机等设备。轴数是 4 轴,轴距是 450 mm。考虑成本问题,材料使用普通的工程塑料。为了简化安装布线,使用带 PCB 的中心板。为了容易分辨飞行器上天后机头方向,机臂选择两种不同颜色,例如红、白两色。由于白色机臂跟天空对比颜色不明显,而多旋翼起降和悬停时都是机尾对着操纵手,为醒目起见,一般选择白色机臂作为机头朝向,红色机臂为机尾朝向。

F450 机架可成套购买,具体组成如图 1.29 所示。

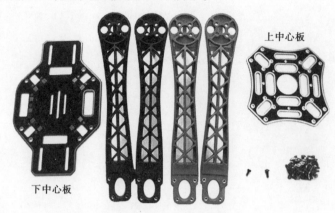

图 1.29　F450 机架组成部件

①机臂 4 根,红、白(或黑)各 2 根。内端与上、下中心板连接构成飞行平台的总体形状;外端设计有电机安装座,用于安装外转子无刷电机。

②上、下底板各一块,用于连接 4 根机臂和安装飞控等电子设备。其中下底板带 PCB 功能,通过连接电力电池直接给电调和飞控的电源模拟供电。

③螺丝有 M2.5×6 和 M3×8 两种规格,前者数量 24 个,用于机臂与中心板连接;后者数量 16 个,用于固定 4 个外转子无刷电机。

④可选的附加脚架:F450 机臂自带脚架,但高度过低,对新手练习起降会产生一定的心理压力。此时,可以利用 F450 平台设计的安装接口额外地安装一个附加脚架,这样在降落速度过快时,可以起到一定的缓冲作用,并且有利于后续为安装航拍设备提供足够空间。但在飞行训练时必须注意,附加脚架使飞行器重心升高,降落时可能会增加颠覆概率而打坏螺旋桨。

1.4.2　电动动力系统

电动动力系统
组件识别

(1)锂聚合物动力电池

格式 ACE 3S 5000 mA·h 锂电池,最大放电倍率 30 C,可为 F450 提供大约 15 min 的飞行时间,如图 1.30 所示。为保证调试和飞行训练的有效时间,建议每套飞机至少配备两块电池。

图 1.30　锂聚合物动力电池

(2)电调

好盈铂金系列 Platinum-30A-OPTO-PRO 电调 4 只,该电调可提供 30 A 的持续稳定电流输出,并专门为多轴飞行器优化过油门响应,如图 1.31 所示。

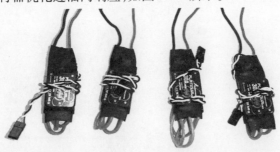

图 1.31　好盈电调

(3)外转子无刷电机

朗宇 V 系列 V2216 KV900 型多轴专用电机 4 个,每个电机均附带整套螺丝配件,包括主轴 1 个、主轴螺丝 3 个、垫片 1 个、子弹头 1 个、螺母 1 个,如图 1.32 所示。每个电机可以直接用 4 个 M3×8 螺丝固定在机架的电机安装座上,该型号螺丝通常随机架一起配送。

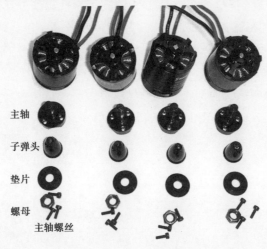

图 1.32　朗宇电机及其配件

(4)螺旋桨

选择 APC1055MR 尼龙材质螺旋桨,直径 10 in,螺距 5.5 in(1 in=25.4 mm),MR 表示多轴专用。不建议碳素材质螺旋桨,因为价格太贵且不耐"炸"机。

多轴螺旋桨需要正桨和反桨成对使用,颜色应与机臂匹配,便于飞行训练时正确辨别机头朝向。考虑新手"炸"机是必然的,建议一次多买几副备用。由于朗宇 V2216 电机配套的桨轴直径是 5 mm,所以螺旋桨的桨垫务必要有 5 mm 的尺寸。螺旋桨及桨垫实物如图 1.33 所示。

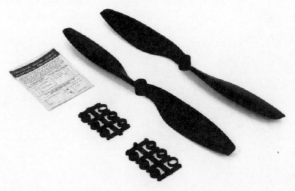

图 1.33　螺旋桨与桨垫

飞控系统组件识别

1.4.3　飞行控制系统

F450 推荐使用 DJI NAZA-M Lite 飞行控制系统。该飞控系统专门针对入门级爱好者设计,虽是 NAZA-M 的简化版,但延续了 NAZA-M 的高可靠性和稳定性。创新的 All-in-One 设计理念,将内减震设计、控制器、三轴陀螺仪、三轴加速度计和气压计等传感器集成在一个更轻更小巧的控制模块中,用于识别高度和姿态,从而实现锁定高度和平稳姿态等飞行控制功能,具备简易安装、空间节减、自重缩减的显著特点。

NAZA-M Lite 飞行控制系统通常以套装形式销售,套装清单包括主控器(MC)、电源管理模块(PMU)、GPS 及支架、LED 指示灯、3P 舵机线×8、3M 胶纸等,实物如图 1.34 所示。

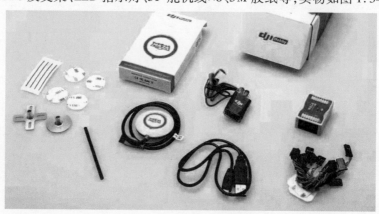

图 1.34　NAZA-M Lite 飞控套装

(1)主控模块

主控模块是整个飞行控制系统的核心,它将 GPS 指南针、电子调速器和遥控接收机等设备连接起来从而实现自动驾驶功能。其中的惯性测量单元(IMU)包含三轴加速度计、三轴陀螺仪和用于识别姿态和高度的气压高度计。飞控的参数调试是一件精细而复杂的技术活,我们将在后续的实训章节中讲解。

（2）电源管理模块

电源管理模块（PMU）专为 NAZA-M Lite 设计,在有效解决多旋翼系统高功耗问题的同时,为飞控系统提供稳定、无干扰的电力。其中,无插头的一端连接机架的分电板,有插头的一端连接主控的 X2 接口。

（3）GPS 模块

GPS 模块用来确定飞行器位置,帮助飞行器实现定点和返航等功能,GPS 天线电缆与主控器的 EXP 接口相连接。注意:GPS 与指南针模块为磁敏感设备,应使用配套的支架来正确安装,特别是其盖上的红色箭头指向必须与飞行器的机头朝向一致。

（4）LED 指示灯

LED 指示灯用来给飞机调试参数和显示飞行器飞行状态,主电缆与飞控的 LED 接口相连接。附带的 USB 数据线用来设置 MC 和升级固件,并将飞控与计算机连接用于参数调试。

（5）3P 舵机线

3P 舵机线共 8 根,用于遥控接收机与主控之间的连接。正常情况下,接收机的 1—5 端口分别连接主控的 A、E、T、R、U 端口,切记一一对应。

（6）3M 胶纸

3M 胶纸用于将 NAZA-M Lite 系统的各个零件固定到多旋翼无人机上。

1.4.4　遥控器

遥控器的认识

遥控器和遥控接收机是遥控链路的重要组成部分,它负责将地面操控人员的控制指令传送到机载飞控上,以便飞控按照指令执行。遥控器种类繁多,遥控接收机也有多种类型。现代的遥控器功能越来越强大,不但可以支持多种机型,而且可更改许多控制参数,因此新买的遥控器默认的出产设置未必适合每架无人机使用,我们需要对遥控器进行一系列调试才能使遥控器发挥最大的作用和更好地操控无人机。

目前,市面上可用于多旋翼无人机遥控器的常见进口品牌有 Futaba、JR、Hitee 和 Sanwa 等,国产品牌有睿思凯、天地飞、乐迪和富斯等。基于性价比的考虑,本书选择天地飞 9 通道遥控器作为 F450 的主控,购买时的套装组件如图 1.35 所示,关于该遥控器适配 NAZA-M Lite 时的各项参数设置将会在后续的实训环节予以学习。

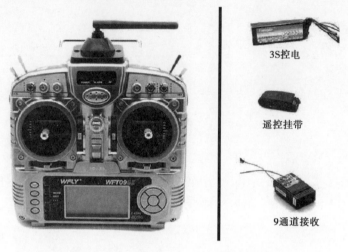

3S控电

遥控挂带

9通道接收

图 1.35　天地飞 9 通道遥控器及其配套实物图示

项目小结

①多旋翼无人机从概念到应用,经历了长达 100 多年的发展历程,当前中国多旋翼无人机企业无论在技术上还是在销量上,都已经占据了绝对的主导地位,多旋翼无人机的未来前景广阔!

②多旋翼无人机实际上是一个全系统的概念,除空中的旋翼机外,还应包括地面站系统、任务设备系统和综合保障系统等。后续的学习中,我们将以实训的方式开展多旋翼无人机飞行作业的全流程教学。特别强调:"结构全系统"和"作业全流程"的理念将会贯穿这本书的整个学习过程!

③多旋翼无人机通过改变不同旋翼之间的相对转速以改变单轴推进力的大小,从而控制飞行器的运行轨迹。因此,理解反扭矩、正反桨、机体坐标系、三轴运动等基本概念是理解多旋翼无人机飞行原理的基础和关键。

④旋翼机是多旋翼无人机的核心系统,其基本组成包括机体、动力设备、导航与控制设备和数据链系统。超视距飞行时,地面站、数传和图传设备不可或缺。请根据旋翼机的基本组成,认真识别 F450 四轴飞行器的各结构部件,初步了解其功能,为后续进一步学习其组装、调试及飞行训练奠定基础。

习 题

一、选择题（概念记忆）

1.八轴与四轴哪个效率高？（   ）。

A.八轴   B.四轴   C.相等

2.多旋翼哪个是正桨，哪个是反桨？（   ）。

A.俯视逆时针旋转的为正桨，顺时针为反桨

B.俯视顺时针旋转的为正桨，逆时针为反桨

C.仰视顺时针旋转的为正桨，逆时针为反桨

3.X型四轴飞行器，左前方的旋翼一般多为（   ）。

A.俯视顺时针旋转   B.俯视逆时针旋转   C.左视顺时针旋转

4.悬停状态的六轴飞行器如何实现向前移动？（   ）。

A.纵轴右侧螺旋桨减速，纵轴左侧螺旋桨加速

B.横轴前侧螺旋桨减速，横轴后侧螺旋桨加速

C.横轴前侧螺旋桨加速，横轴后侧螺旋桨减速

5.六轴飞行器安装有（   ）。

A.6个顺时针桨

B.3个顺时针桨，3个逆时桨

C.4个顺时针桨，2个逆时针桨

6.多轴的"轴"指的是（   ）。

A.舵机轴   B.飞行器运动坐标轴   C.旋翼轴

7.使用多轴飞行器作业（   ）。

A.应在人员密集区，如公园，广场等

B.在规定空域内使用，且起飞前提醒周边人群远离

C.不受环境影响

8.绕多轴飞行器立轴的是（   ）运动。

A.滚转运动   B.俯仰运动   C.偏航运动

9.下列关于多轴旋翼的说法中，错误的是（   ）。

A.上旋翼本质是一个能量转换部件，它把电动机传来的旋转动能转化成旋翼拉力

B.旋翼的基本功能是产生拉力

C.旋翼的基本功能是产生前进推力

10.下列关于多轴的反扭矩说法中,错误的是(　　)。

A.单个旋翼的反扭矩会迫使多轴飞行器向旋翼旋转的反方向偏转

B.单个旋翼反扭矩的大小取决于电机转速

C.多轴飞行器的俯仰运动通过改变各个旋翼的反扭矩来实现

11.多轴飞行器的操纵不包括(　　)。

A.俯仰操纵　　　　　　　　B.航向操纵　　　　　　　　C.周期变距

12.一般来讲,多轴飞行器在地面风速大于(　　)进行作业,会对飞行器安全和拍摄稳定有影响。

A.2 级　　　　　　　　　　B.4 级　　　　　　　　　　C.6 级

13.关于多轴飞行器定义描述正确的是(　　)。

A.具有 2 个以上旋翼轴的旋翼航空器

B.具有不少于 4 个旋翼轴的无人旋翼航空器

C.具有 3 个以上旋翼轴的旋翼航空器

14.四轴飞行器航向改变时(　　)。

A.相邻的 2 个桨加速,另 2 个桨减速

B.相对的 2 个桨加速,另 2 个减速

C.4 个桨均加速

15.目前多轴飞行器典型应用的是(　　)。

A.高空长航时侦查　　　　　B.航拍,电影取景　　　　　C.侦打一体化

16.悬停状态下的多轴如何实现向左移动(　　)。

A.纵轴右侧的螺旋桨减速,纵轴左侧的螺旋桨加速

B.纵轴右侧的螺旋桨加速,纵轴左侧的螺旋桨减速

C.横轴前侧的螺旋桨加速,横轴后侧的螺旋桨减速

17.八轴飞行器某电机出现故障时,应该做出停止工作的电机是(　　)电机。

A.对角

B.俯视顺时针方向下一个

C.俯视顺时针向下下一个

18.部分商用多轴飞行器有收放脚架的或机架整体变形的功能,其主要目的是(　　)。

A.改善机载任务设备视野

B.调整重心增加飞行器的稳定性

C.减小前飞阻力

19.四轴飞行器运动中有(　　)。

A.沿三轴移动,绕 3 个轴转动　　B.绕 4 个轴转动　　　　C.沿 3 个轴移动

20.描述一架多轴无人机地面遥控发射机是"日本手",是指(　　)。

A.右手上下动作控制油门或高度

B. 左手上下动作控制油门或高度

C. 左手左右动作控制油门或高度

21. 某螺旋桨是正桨是指(　　　)。

A. 从多轴飞行器下方观察,该螺旋桨逆时针旋转

B. 从多轴飞行器上方观察,该螺旋桨顺时针旋转

C. 从多轴飞行器上方观察,该螺旋桨逆时针旋转

22. 对于多轴飞行器(　　　)。

A. 旋翼只起升力面的作用

B. 旋翼只充当纵横向和航向的操纵面

C. 旋翼既是升力面又是纵横向和航向的操纵面

23. 多轴飞行器的旋翼旋转方向一般为(　　　)。

A. 俯视多轴飞行器顺时针旋翼

B. 俯视多轴飞行器逆时针旋翼

C. 俯视多轴飞行器两两对应

24. 绕多轴飞行器横轴的是(　　　)运动。

A. 滚转运动　　　　　　B. 俯仰运动　　　　　　C. 偏航运动

25. 绕多轴飞行器纵轴的是(　　　)运动。

A. 滚转运动　　　　　　　B. 俯仰运动　　　　　　C. 偏航运动

26. 以下不是多轴飞行器优点的是(　　　)。

A. 结构简单　　　　　　　B. 成本低廉　　　　　　C. 气动效率高

27. 飞行中的多轴飞行器所承受的力和力矩不包括(　　　)。

A. 自身重力　　　　　B. 旋翼桨叶的铰链力矩　　　C. 旋翼的反扭矩和桨毂力矩

28. 下面说法正确的是(　　　)。

A. 一般来讲,多轴飞行器反扭矩的数值是比较大的

B. 多轴飞行器在稳定垂直上升时,所有旋翼总的反扭矩之和增加

C. 多轴飞行器的反扭矩通过旋翼两两互相平衡

29. 相对于传统直升机,多轴的劣势是(　　　)。

A. 速度　　　　　　　　B. 载重能力　　　　　　C. 悬停能力

30. 多轴飞行器在前飞中必然会产生(　　　)变化。

A. 偏航角　　　　　　　B. 横滚角　　　　　　　C. 俯仰角

31. 多轴飞行器具有(　　　)的用途。

①应急救灾;②军用侦察;③警用监视;④娱乐;⑤广电行业

A. ①④⑤　　　　　　　B. ②③④　　　　　　　C. ①②③④⑤

32. 描述一个多轴无人机地面遥控发射机是"美国手",是指(　　　)。

A. 右手上下动作控制油门或高度

B.左手上下动作控制油门或高度

C.左手右手动作控制油门或高度

33.多轴飞行器不属于以下哪个概念范畴( )。

A.自转旋翼机　　　　　　　B.重于空气的航空器　　　　C.直升机

二、简答题(知识点理解)

1.什么是多旋翼无人机？多旋翼无人机系统包括哪些分系统？

2.试对无人机飞行机组进行简单描述。

3.多旋翼无人机按动力装置主要分为哪两大类？简述各类含义。

4.民航空域、低空空域、无人机运行空域是怎样划分的？

5.简述竹蜻蜓的升力来源。

6.以"X"型四轴为例,说明多旋翼无人机如何实现升降、前后、左右及自旋运动。

7.简述旋翼机系统的基本组成及各部分功能。

三、操作题:完成下述表格(实训跟踪)

F450 四轴飞行器部组件识别操作卡					
设备编号			操作日期		
小组编号			小组成员		
具体设备识别登记					
分系统	序号	设备名称	设备型号	数量	功能简述
飞行平台	1				
	2				
	3				
	4				
	5				
	6				

分系统	序号	设备名称	设备型号	数量	功能简述
动力系统	1				
	2				
	3				
	4				
	5				
	6				
飞控系统	1				
	2				
	3				
	4				
	5				
	6				
	7				
遥控器	1				
	2				
	3				

项目 2　多旋翼机体及其组装

 导学

机体专指多旋翼无人机的机架,是多旋翼无人机其他结构的安装平台,决定了多旋翼的主体结构与外形。机架组装是多旋翼无人机的基础性工作。如果你是一个初学者,在对多旋翼没有任何概念的情况下,先把机架组装完整将会收获一种具体化的体验和成功的喜悦,对后续电机、电调、飞控的安装位置和布线方式等自然会形成一种整体的考虑;如果你是一个"老司机",频繁的"炸"机之后你可能不得不对你的"爱机"进行不同程度的修复,而熟练进行机架的组装与拆卸将会直接影响你的修复效率。

训练目标

知识目标

①给出多旋翼机架,能够解释其基本结构与参数;

②给出多旋翼机架,能够计算匹配桨的大小;

③给出多旋翼机体材料,能够说出其性能;

④给出机体组装常用工具,能够说出其使用要领;

⑤熟悉 F450 机体组装工艺过程。

能力目标

①依据 F450 部组件清单,能够清点机体部组件;

②正确使用 F450 机体组装工具;

③完成 F450 机体组装与拆卸。

素质目标

①养成严谨的无人机装调工作作风;

②养成按章办事、精益求精的工匠精神;

③养成设备专业实训室 6S 管理的良好工作习惯。

任务 2.1　机架结构与参数认知

机架是多旋翼无人机飞行和起降的基础平台,所有的部件和设备都要安装在机架上面。机架下方通常安装有起落架,用于支撑全机。

2.1.1　轴数与轴距

机架的轴数和轴距决定了飞行器的最大拉力。

（1）轴数

多旋翼无人机也称多轴飞行器,其中的"轴"指的是旋翼轴,也就是电机的旋转轴。多轴飞行器的轴数大于等于3,有3轴、4轴、6轴、8轴等,多为中心对称和轴对称结构,如图2.1所示。

图 2.1　多旋翼无人机轴数图示(3、4、6、8 轴)

奇数轴数(3 轴)姿势控制算法复杂,较为少见,而4、6、8 等偶数轴则较为常见。每个轴配一个电机,所以理论上轴越多,能提供的电机拉力越大。若一个轴向配两个电机,则为共轴双桨设计。

（2）轴距

对偶数轴机架而言,轴距是指对角两个旋翼轴(电机中心孔)之间的距离,单位为毫米(mm),常见的有 250 mm、450 mm、550 mm、1 000 mm、1 200 mm 等轴距,图2.2 中标出了 F450 四旋翼的轴距,其含义是指对角两个电机轴之间的距离为 450 mm。可见,轴距用于表示机架的尺寸大小,并决定能够使用螺旋桨的最大直径,轴距越大,可使用螺旋桨直径也越大,提供的拉力也越大。

因此,多旋翼的轴数和轴距与飞行器最大起飞质量成正比。起飞质量小的,可以用小轴数(4 轴)和小轴距的机架;起飞质量大,如用于植保或电力架线用的,需要用多轴数和大轴距的机架。

2.1.2　基本结构

F450 机架结构如图2.2 所示,机架的基本结构包括下述内容。

（1）机臂

机臂是机架中最重要的结构,支撑电机和螺旋桨,是受力最大最复杂的构件,决定飞行器的强度和振动。

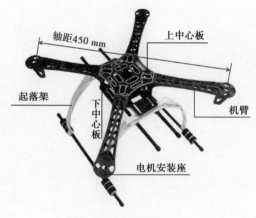

图 2.2　F450 机架结构

（2）中心板

中心板分上、下两块,固定机臂并放置飞控、电池、GPS、图传等设备。中心板大多采用 PCB 电路板制成,负责电调和电池间的连接,简化布线。如果不带 PCB 功能,需要另外用分电板或者电线连接电调和电池。

（3）电机安装座

通过螺丝孔固定电机。大多与机臂制作成一体,但如果机臂为圆柱形,则需要使用独立的电机安装座。

（4）起落架

支撑多旋翼重力,避免螺旋桨离地太近而发生触碰,同时减弱起飞时的地效,消耗和吸收多旋翼在着陆时的撞击能量,保护飞控、电池和电机等设备。

2.1.3　机架与螺旋桨的匹配

机架一旦确定以后,其机体半径和轴距等参数,将会对螺旋桨的尺寸选择提供最直接的参考。

（1）机体半径与桨半径

机架选定后,机体的半径即已确定,应如何选择螺旋桨呢?

参照图 2.3 中的 3 轴、4 轴和 6 轴结构,用 R 表示机架半径、r_{max} 表示螺旋桨最大半径、θ 表示轴间夹角、n_r 表示机架轴数。根据简单的几何计算,则有:

$$R = \frac{r_{max}}{\sin\dfrac{\theta}{2}} = \frac{r_{max}}{\sin\dfrac{180°}{n_r}} \tag{2.1}$$

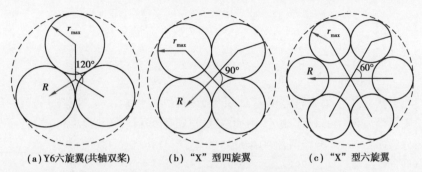

(a) Y6六旋翼(共轴双桨)　　(b)"X"型四旋翼　　(c)"X"型六旋翼

图 2.3　机体半径与螺旋桨最大半径之间的几何关系

当桨与桨之间的距离从一个桨半径到 0.1 个桨半径变化时,气流对飞行器的整体性能影响很小。因此,为了使飞行器尽量紧凑,可以设置螺旋桨半径 r_p,r_p 须满足:$r_{max} \in [1.05r_p, 1.2r_p]$。

(2)轴距与桨直径

另一方面,当机架选定后,轴距亦已确定,此时决定螺旋桨最大直径的就是相邻两个轴之间的直线距离,如图 2.4 中 AB 线所示。

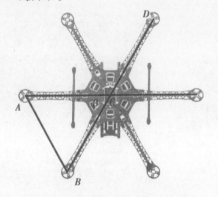

图 2.4　轴距与桨直径的几何关系

在 $\triangle ABC$ 中,由余弦定理可得:

$$AB = \sqrt{AC^2 + BC^2 - 2AB \times BC \times \cos\beta}$$

设轴距为 D,螺旋桨最大直径为 d,轴数为 n_r,则

$$d = AB = \sqrt{\left(\frac{D}{2}\right)^2 + \left(\frac{D}{2}\right)^2 - 2 \times \frac{D}{2} \times \frac{D}{2} \times \cos\left(\frac{360°}{n_r}\right)} = \sqrt{2 \times \left(\frac{D}{2}\right)^2 \times \left[1 - \cos\left(\frac{360°}{n_r}\right)\right]}$$

$$(2.2)$$

根据式(2.2),以最经典的 F450 型四轴飞行器为例,当轴距为 450 mm 时,能够支持的螺旋桨直径为 318.20 mm。螺旋桨尺寸经常用英寸(in)表示,得到最大螺旋桨直径是 12.5 in。

当然,实际桨直径不能刚好等于这个值,否则两个螺旋桨在旋转时会严重干扰! 工程实际中,相邻两个桨之间的距离通常在一个桨半径到 0.1 个桨半径之间。例如大疆精灵 3 的轴距为 350 mm,支持的最大桨直径为 9.74 in,实际桨直径为 9.4 in。

2.1.4　机架材料类型及特点

机架的质量决定了整个飞行器的基础质量,从而间接影响了飞行器的载重和续航时间。由于机架的质量由其所用的材质决定,因此需要对机架的材料类型及特点进行了解。目前,多旋翼机架材料多以塑胶、玻璃纤维和碳纤维为主,铝合金和轻木较少使用。

（1）塑胶机架

由高强度工程塑料制作而成,具有一定的强度和刚度,同时又有一定的可弯曲度。优点是价廉、耐摔,适合初学者使用;缺点就是重,4 轴 450 mm 的塑胶机架有差不多 300 g。

（2）玻璃纤维机架

玻璃纤维机架由玻璃纤维板切割拼接而成,多用于穿越机,如图 2.5 所示。强度较好,相同强度下质量比塑胶要轻,但价格要贵。

图 2.5　玻璃纤维多轴机架

图 2.6　植保机采用的碳纤维机架

（3）碳纤维机架

使用碳素纤维材料制成,质量轻、强度大,被认为是最好的机架材料。机臂多采用管状结构,且需配套独立电机座,多用于植保、航测等工业级应用,图 2.6 所示的是一种植保碳纤维机架。其价格差不多是同类型塑胶机架的 10 倍,且属脆性材料,受力过大不会发生形变而是直接断裂,所以损坏后基本无法修复,只能更换。

需要说明的是,机架不同部件可以采用同一种材料,也可用不同材料。如中心板有用 PCB 或玻纤、脚架用碳素或塑料等,购买时需注意材料决定价格。

另外,为便于携带,有些碳纤维机架常被设计为折叠结构,但会增加结构复杂性,带来质量增大、可靠性降低、振动增加、成本增加等问题。

2.1.5 机架整体选择要求

衡量一个机架的好坏,可以从耐用性和安全性、使用方便程度、元器件安装是否合理等方面予以考察。因此,出于 DIY 需要,多旋翼机架选择应注意以下几个问题:

(1)用途决定大小和尺寸

例如穿越机可选择轴距为 210 mm 的四轴玻纤机架;航拍可选用轴距为 550 mm 左右的机架,四轴、六轴均可;而对工业级应用则需选择轴数多、轴距更大点的机架,以六轴或八轴为宜。

(2)组装的难易程度

布线是否合理、设备安装是否方便、组装完成的整体美观程度等。

(3)机架质量

质量是飞行中的一个重要问题,多旋翼本来载重就小,飞行器每增重 1 g 都会给电机带来很大的影响。

(4)机架强度

机架强度直接决定了飞控等电子元器件的寿命。

(5)经费支撑

玩转多旋翼是一件很"烧钱"的事,只有精打细算才能以最少的资金完成最优的设计。

任务 2.2 F450 机架组装与拆卸

F450 机架组装

现代无人机组装一般是指总装,即将各零部件、插装件以单元功能结构按照设计要求进行组装连接,组成一个具备一定功能的完整产品。多旋翼无人机尽管结构简单,但在其组装与调试过程中,对常见的机械装配和电气装配仍有一定的工艺要求。为叙述方便,本任务将对多旋翼无人机组装调试过程中应用较多的装配工艺、常用工具和耗材等予以集中介绍。

2.2.1　装配工艺

（1）机械装配

机械装配在无人机的组装中占有比较大的比重,其装配方法是否科学,工艺是否合理,会影响到无人机的气动性能、强度和可靠性。在多旋翼无人机系统中,机架的组装、任务载荷的安装等都属于机械装配的范畴。

机型不同、产品的复杂程度不一等因素,使得无人机装配的难易程度有所不同,装配工作的侧重点也存在区别。对于多旋翼无人机而言,螺纹连接是其装配工作中的主要连接形式之一,具有强度高、可靠性好、构造简单、安装方便、易于拆卸和换件维修等特点。常见的螺纹紧固件如图2.7所示。

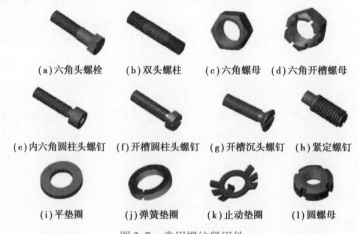

(a)六角头螺栓　(b)双头螺柱　(c)六角螺母　(d)六角开槽螺母

(e)内六角圆柱头螺钉　(f)开槽圆柱头螺钉　(g)开槽沉头螺钉　(h)紧定螺钉

(i)平垫圈　(j)弹簧垫圈　(k)止动垫圈　(l)圆螺母

图2.7　常用螺纹紧固件

螺纹连接按照工艺特点一般分为螺栓(钉)与螺母连接、螺栓(钉)与托板螺母连接、螺栓连接、在基体零件上攻丝的螺栓(钉)连接以及自攻螺钉的连接等。在无人机装配中,采用最多的螺纹连接形式是以普通螺栓连接和螺钉连接,其余则较少采用。近年来,高锁螺栓连接、锥形螺栓连接、干涉配合螺栓连接和钢丝螺套连接的应用也在不断扩大。

1)普通螺栓连接

普通螺栓连接是最基本、应用最广泛的螺纹连接,能够承受较大载荷,安装方便,适用于组件连接和接头连接部件连接,如图2.8(a)所示。

工艺过程:零件夹紧→确定孔位→制孔→制窝→倒圆与倒角→准备坚固件→安装→定力→防松。

2)锥形螺栓连接

锥形螺栓连接是通过锥形螺栓与孔之间形成均匀的干涉量,受力部位进行连接,可有效提高疲劳寿命,如图2.8(b)所示。主要孔的加工存在一定难度,工艺过程与普通螺栓连接基本相同。

3）螺钉连接

螺钉连接采用螺钉与基体上的螺纹孔连接,用被连接件上的螺纹孔代替螺母,适用于安装通路不好的特殊结构上,如图2.8(c)所示。工艺过程与普通螺栓连接基本相同。

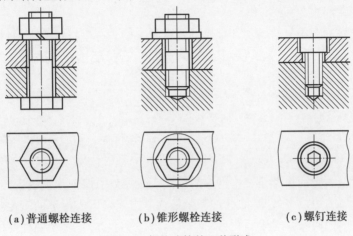

(a)普通螺栓连接　　　**(b)锥形螺栓连接**　　　**(c)螺钉连接**

图2.8　螺纹连接的3种形式

(2)复合材料装配

复合材料是由有机高分子、无机非金属或金属等几类不同材料通过复合工艺组合而成的新型材料,它既能保留原组分材料的主要特色,又通过复合效应获得原组分所不具备的性能,可以通过材料设计使各组分的性能相互补充并彼此关联,从而获得新的优越性能。复合材料的优异特性具体体现在比强度和比模量高、减振性好、耐疲劳、耐热、过载时安全性好等多个方面。

众所周知,减轻无人机的结构质量是无人机设计的重要目标之一,因此比强度和比模量高的复合材料就成为无人机结构材料的理想选择。特别是对多旋翼无人机而言,结构质量的更高要求使得复合材料的应用更为广泛。据不完全统计,在目前的多旋翼无人机结构设计中,复合材料的使用率已达到50%~80%,像植保和测绘类多旋翼无人机的机身几乎全部用的是玻璃纤维或碳纤维等复合材料。

1)复合材料的机械连接

复合材料在应用过程中,常常需要进行机械加工,并与其他材料或同类材料进行连接。和金属结构相比,连接是复合材料结构的薄弱环节。据统计,在无人机的操纵过程中,有60%左右的损坏都发生在连接部位,比如螺旋桨、机架、GPS天线的支撑杆等。因此,设计人员需要尽可能地优化结构方案。

在复合材料机械连接中常采用铆钉连接或螺纹连接。铆钉连接适用于连接厚度达3 mm的层合板,所以使用铆钉连接时注意不要造成层合板钉孔边的过量损伤,因为这种损伤会削弱接头处的受力,故一般只是在复合材料与金属连接且传递一定载荷的接头上才允许使用。螺纹连接中,紧固件的材料选择,应与所使用的复合材料相匹配,如碳纤维或环氧树脂等复合材料与常规紧固件材料间有较大的电位差,易产生电偶腐蚀。

2)复合材料的胶接

胶接是复合材料无人机构件的主要连接方式之一。它和机械连接不同,不需要连接件,只用胶粘剂将若干零件连接成一个具有一定承载能力的整体构件,而相互连接的零件之间的应力传递就靠胶黏剂来完成。

适用于连接先进纤维复合材料和金属的基本胶接接头有单搭接头、双搭接头、斜面搭接、梯形搭接等,如图2.9所示。为了使制造成本最低,应选择能达到所需强度的最简单的接头形式。

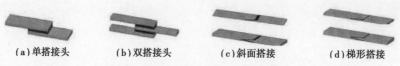

(a)单搭接头　　(b)双搭接头　　(c)斜面搭接　　(d)梯形搭接

图2.9　复合材料胶接接头的各种形式

制作接头时最关键的步骤是产生良好的胶接表面。为了保证优良的胶接强度和耐久性,铝和钛合金等金属一般要经过除油、酸洗和阳极化等措施来形成稳定的氧化膜。胶接以前要在表面涂一层防腐蚀底漆。对于固化后的环氧树脂基复合材料,表面处理要做的是产生一个粗糙的树脂表面和清除表面污物,一般要通过除污和用砂纸打磨胶接区来实现。

(3)电气装配

电气装配主要是对一系列电子元器件组成的各种电路的装配组合。无人机系统的电气装配主要是针对其电气系统而进行的操作,该电气系统一般包括电源、配电系统、用电设备等3个部分,电源和配电系统组合统称为供电系统。供电系统的功能是为各用电设备提供满足预定设计要求的电能。

考虑到多旋翼无人机电气系统装配过程的主要工作是对各种导线和接头进行连接,所以本节侧重介绍电气元件的焊接工艺。

1)电气装配的一般要求

无人机电气装配应遵循先轻后重、先铆后装、先里后外、先低后高、先小后大、先装后焊、先装后连、上道工序不得影响下道工序的顺序和原则。安装的基本要求如下所述。

①对电气安装所用的材料、元器件、零部件和整件均应检验合格才准许使用;

②安装应牢固可靠,避免碰坏机架及元器件的涂覆层,不破坏元器件的绝缘性能,安装件的方向、位置要正确;

③被焊件的引出线、导线的芯线与接头,在焊接前应根据整机工艺文件要求,采用插接、搭接或绕接等方式固定,且元器件引出线、裸导线等不应有切痕或钳伤;

④套绝缘套管时,应在引线上套上适当长度和大小的套管,多股导线的芯线加工后不应有断股现象存在;

⑤严格遵守装配的顺序要求,注意前后工序的相接。

2)锡焊基本知识

锡焊是使金属连接在一起的一种方法,是将导线、元器件引脚与印制电路板连接在一起的过程。焊接过程要满足机械连接和电气连接两个目的,其中,机械连接是起固定作用,而电气连接是起电气导通的作用。在电子元器件及各类接插头的生产装配中,大量采用锡焊技术。

手工焊接中的锡焊原理是通过加热的烙铁将固态焊锡丝加热熔化,再借助于助焊剂的作用,使其流入被焊金属之间,待冷却后形成牢固可靠的焊接点;锡焊是通过润湿、扩散和冶金结合这 3 个物理化学过程来完成的,被焊件未受任何损伤。

3)焊接材料

①锡铅合金焊料。

焊锡是连接元器件与线路板之间的介质,在电子线路的安装和维修中经常用到的焊锡是由锡和铅两种金属按一定比例融合而成的,其中锡所占的比例稍高。

纯锡为银白色,有光泽,富有延展性,在空气中不易氧化,熔点为 232 ℃。锡能与大多数金属融合而形成合金,但纯锡的材料呈脆性,为了增加材料的柔韧性和降低焊料的熔点,必须用另一种金属与锡融合,以缓和锡的性能。

纯铅为青灰色,质软而重,有延展性,容易氧化,有毒性,熔点为 327 ℃。

当锡和铅按比例融合后,构成锡铅合金焊料,此时,它的熔点变低,使用方便,并能与大多数金属结合。

焊锡的熔点会随着锡铅比例的不同而变化,锡铅合金的熔点低于任何其他合金,优质的焊锡其锡铅比例是按 63% 的锡和 37% 的铅配比的,这种配比的焊锡,其熔点为 183 ℃。有些质量较差的焊锡熔点较高,而且凝固后焊点粗糙呈糠渣状,这是焊锡中铅含量过高所致。为改善焊锡的性能,还出现了加锑焊锡、加镉焊锡、加银焊锡和加铜焊锡等。

②助焊剂。

助焊剂在焊接工艺中能帮助和促进焊接过程,主要作用如下:

a. 破坏金属氧化膜使焊锡表面清洁,有利于焊锡的浸润和焊点合金的生成;

b. 能覆盖在焊料表面,防止焊料或金属继续氧化;

c. 增加焊料和被焊金属表面的活性,降低焊料的表面张力;

d. 焊料和焊剂是相熔的,可增加焊料的流动性,进一步提高浸润能力;

e. 能加快热量从烙铁向焊料和被焊物表面传递;

f. 合适的助焊剂还能使焊点美观。

助焊剂分为无机类、有机类和树脂类等 3 大类。在电子产品的焊接中使用比例最大的是松香,即树脂类助焊剂。松香在固态时呈非活性,只有液态时才呈活性,其熔点为 127 ℃,活性可以持续到 315 ℃。锡焊的最佳温度为 240 ~ 250 ℃,正处于松香的活性温度范围内,且它的焊接残留物不存在腐蚀问题,这些特性使松香成为非腐蚀性焊接剂而被广泛用于电子设备的焊接中。

松香类助焊剂使用时应注意,松香反复加热使用后会碳化发黑,不起助焊作用,还会影响焊点质量;另外,当温度达到 600 ℃时,松香的绝缘性能下降,焊接后的残留物对发热元器件有较大的危害。现在普遍使用氢化松香,是一种高活性松香,性能更稳定,助焊作用更强。

③阻焊剂。

在浸焊和波峰焊中,要求焊料只在规定的焊点上进行焊接,其他不需要焊接的地方就要隔离,因此,这就需要通过阻焊剂来实现。阻焊剂是一种耐高温的涂料,一般覆盖在印制电路板的板面,起到保护作用,防止印制电路板受到热冲击或机械损伤;同时,防止短路、虚焊等情况,可以有效提高焊接效率和质量。

4)手工焊接技术

①电烙铁的握法。

电烙铁要拿稳对准,一般有 3 种握法,如图 2.10 所示,具体选择哪种握法根据实际的焊接情况确定。

a.正握法:适用于较大的电烙铁,弯形烙铁头一般也用此法。

b.反握法:用五指把电烙铁的柄握在掌内,此法适用于大功率电烙铁,焊接散热量大的被焊件。

c.握笔法:用握笔的方法握电烙铁,此法适用于小功率电烙铁,焊接散热量小的被焊件。

②焊锡丝的拿法。

焊锡丝一般有两种拿法,即连续锡丝拿法和断续锡丝拿法,如图 2.11 所示。

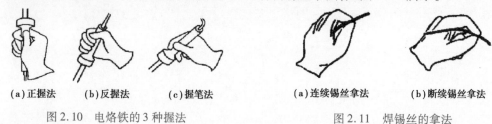

(a)正握法　　(b)反握法　　(c)握笔法	(a)连续锡丝拿法　　　(b)断续锡丝拿法
图 2.10　电烙铁的 3 种握法	图 2.11　焊锡丝的拿法

③焊接五步法。

手工焊接五步法如图 2.12 所示。

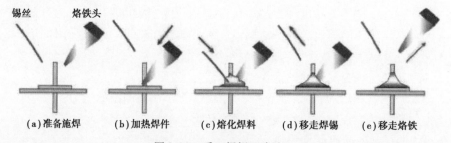

(a)准备施焊　　(b)加热焊件　　(c)熔化焊料　　(d)移走焊锡　　(e)移走烙铁

图 2.12　手工焊锡五步法

a.准备施焊:准备好焊锡丝和烙铁,此时应特别强调的是烙铁头部要保持干净,不可以沾上焊锡(俗称吃锡)。

b.加热焊件:将烙铁接触焊接点,注意首先要保持烙铁加热焊件各部分,例如印制电路板上引线和焊盘都使之受热;其次要让烙铁头的扁平部分(较大部分)接触热容量较大的焊件,烙铁头的侧面或边缘部分接触热容量小的焊件,以保持焊件均匀受热。

c.熔化焊料:当焊件加热到能熔化焊料的温度后将焊丝置于焊点,焊料开始熔化并润湿焊点。

d.移走焊锡:当熔化一定量的焊锡后将焊锡丝移走。

e.移走烙铁:当焊锡完全润湿焊点后移开烙铁,注意移走烙铁的方向与水平面应该呈约45°。

④注意事项。

锡丝成分中含铅,而铅是对人体有害的重金属,因此操作时应戴上手套且操作后要洗手,避免食入;同时,人的鼻子应距离电烙铁不小于30 cm或配戴抽风吸烟罩。

另外,使用电烙铁一定要配置烙铁架,一般放置在工作台右前方。电烙铁用后一定要稳妥放于烙铁架上,并注意导线等物不要触碰烙铁头。

5)导线焊接工艺

在电子电路中常使用的连接导线有4类:单股导线、多股导线、排线和屏蔽线。

①单股导线是指内部芯线只有一条线的线缆。根据绝缘层不同,可以分为塑料单股线和橡胶单股线;根据芯线的软硬不同,可以分为单股软线和单股硬线。主要用于各种电源的供电和信号的传输。

②多股导线由多根细软铜线捻合、编织而成,对该类导线进行加工时可绕性比单股导线容易些。一些损耗比较高的电路中使用的短线、接地线及电流量较大的线缆通常为多股导线。

③排线主要用于软性电路板或扁平电缆,或者是成对出现的接线中。在使用排线时,可以避免产生导线错位的问题,多用于数据传送。

④屏蔽线是使用网状编织导线把信号线包裹起来的一种线缆,一般具有屏蔽静电、电磁和磁场等作用,多用于信号传送。

a.导线与接线端子的焊接

导线与接线端子之间的焊接有绕焊、钩焊和搭焊等3种基本形式。

• 绕焊:将已挂锡的导线头在接线端子上缠几圈,用钳子紧固后进行焊接。注意导线一定要紧贴端子表面,导线的绝缘层不能接触端子,绝缘皮离焊点距离以1~3 mm为宜,此种连接可靠性最好。

• 钩焊:将导线端子弯成钩形,钩在接线端子孔内,用钳子夹紧后进行焊接。此种焊接方法强度虽低于绕焊,但操作较简便。

• 搭焊:把已挂锡的导线直接搭到接线端子上进行施焊,这种焊接方法虽然方便,但强度可靠性最差,一般用于临时焊接或不便于缠、钩的地方。

b.导线与导线之间的焊接

以绕焊为主,操作步骤为:首先将导线去掉一定长度的绝缘皮,然后把导线头挂锡并穿上适合的套管,最后将两根导线绞合、施焊,并趁热套上套管,确保冷却后套管固定在焊接头处,操作过程如图2.13所示。

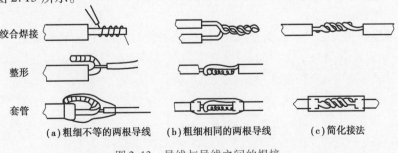

图2.13　导线与导线之间的焊接

6）焊接质量

①焊点质量要求。

对焊点的质量要求主要从电气连接、机械强度和外观等3个方面予以考虑。

a. 电气连接可靠。焊点的质量极大地影响了电子产品的可靠性，焊点应保证足够的接触面积和足够的厚度，使之具有可靠的电气连接性能，应避免出现虚焊、桥接及脱焊等现象。

b. 机械强度足够。焊接在保证电气连接的同时，还起到固定元器件即机械连接的作用。这就要求焊点要保证足够的机械强度。

机械强度与焊料的多少有直接关系，但是不能一味地增加焊料，导致虚焊、桥接短路故障。因此，焊接过程应选择合适的焊料，控制焊料数量及选择合适的焊点形式。

c. 外观平整光洁。良好的焊点应以中心为界，左右对称，呈半弓形凹面；同时，焊料用量要适当，外观光泽、明亮、清洁及平滑，没有桥接和拉尖的现象。

②焊接质量检验。

a. 目视检查。从外观上检查焊接质量是否合格，查看焊点是否存在缺陷。主要检查：与装配图纸相比是否有漏焊；焊点的外观是否平整、光洁；焊点的周围是否残留焊剂；有无连焊、焊盘有无脱落；焊点有无裂纹和拉尖现象。

b. 手触检查。触摸或轻轻摇动元器件，检查焊点有无松动、焊接不牢和脱落的现象，还可尝试用镊子夹住元器件引线轻轻拉动，检查焊接是否牢靠。

c. 通电检查。在外观检查结束并确定连线正确时，可进行通电检查，此步骤是检验电路性能的关键。通电检查可检查到许多微小的缺陷，例如用目测观察不到的电路桥接等，但对内部虚焊的隐患就不容易察觉。

7）拆焊

拆焊是指将已焊的焊点进行拆除。在返工、维修或调试情况下，经常需要更换一些元器件，此时需要使用专用工具对元器件进行拆焊，拆焊次数一般不能超过两次。拆焊的步骤与焊接的步骤基本相反，拆焊前，一定要弄清原焊接点的特性，不要轻易动手。应遵循的原则如下：

a. 不损坏拆除的元器件、导线和原焊接位的结构件。

b. 拆焊时，不可损坏印制电路板上的焊盘与印制导线，不可用电烙铁去撬或晃动接点，不允许用拉动、摇动或扭动等办法去强行拆除焊接点。

c. 对已判断为损坏的元器件，可先行将引线剪断，再行拆除，这样可减少其他损伤的可能性。

d. 在拆焊过程中，应该尽量避免拆除其他元器件或变更其他元器件的位置，若确实需要，则须做好复原工作。

e. 要严格控制加热的时间和温度，受热易损元器件对温度更是十分敏感。在拆焊时，如果时间过长，温度过高会烫坏元器件，甚至会使印制电路焊盘翘起或脱落，进而给继续装配造成较多麻烦。

（4）用电安全

无人机装调过程中经常会用到各种用电设备、仪器和电动工具，如示波器、直流电源、电烙铁和手电钻等,在操作过程中一定要注意用电安全。

①认真了解电源总开关,学会在紧急情况下关断总电源。

②用电设备使用完毕后应拔掉电源插头,插拔电源插头时不要用力拉拽电线,以防止电线的绝缘层受损造成触电。电线的绝缘皮若有剥落,要及时更换新线或者用绝缘胶布包好。

③发现有人触电要设法及时关断电源,或者用干燥的木棍等物将触电者与带电的电器分开,不要用手直接救人。如触电者神志昏迷、停止呼吸,应立即施行人工呼吸,或马上送医院进行抢救。

④不用手或导电物(如铁丝、钉子、别针等金属制品)去接触、探试电源插座内部;不触摸没有绝缘的线头;发现有裸露的线头要及时与维修人员联系。

⑤使用插座的地方要保持干燥,不用湿手触摸电器,不用湿布擦拭电器,发现电器周围漏水时,暂时停止使用,并立即通知维修人员做绝缘处理,等漏水排出后,再恢复使用。要避免在潮湿的环境(如浴室)下使用电器,更不能让电器淋湿、受潮或在水中浸泡,以免漏电造成人身伤害。

⑥不要在一个多口插座上同时使用多个电器,用电不可超过电线断路器允许的负载能力;增设大型电器时,应经过专业人员检验同意,不得私自更换大断路器,以免起不到保护作用,引起火灾。

⑦不要将插座或电线缠绕在金属管道上,电线延长线不可经由地毯或挂有易燃物的墙上,也不可搭在铁床上。

⑧电器插头务必插牢,紧密接触,不要松动,以免生热。

⑨使用电器过程中造成跳闸,一定首先要拔掉电源插头,然后联系维修人员查明跳闸原因,并检查电器故障问题,而后确定是否可以继续使用,以确保安全。

⑩遇到雷雨天气,要停止使用电器,防止遭受雷击。电器长期搁置不用,容易受潮、受腐蚀而损坏,重新使用前需要认真检查。购买电器产品时,要选择有质量认定的合格产品,要及时淘汰老化的电器,严禁电器超期服役。

⑪不要随意拆卸、安装电源线路、插座、插头等。

⑫不要破坏楼内安全指示灯等公用电器设备。

⑬如果看到有电线断落,千万不要靠近,要及时报告有关专业部门维修。当发现电器设备断电时,要及时通知维修人员检查。

⑭当电器烧毁或电路超负载的时候,通常会有一些不正常的现象发生,比如冒烟、冒火花、发出奇怪的响声,或导线外表面过热,甚至烧焦产生刺鼻的怪味,这时应马上切断电源,然后检查用电设备和电路,及时报告维修人员进行处理。

⑮当电器或电路起火时,一定要保持头脑冷静,首先尽快切断电源,或者将室内的电路总闸关掉,然后用专用灭火器对准着火处喷射,如果身边没有灭火器,在断电的前提下,可用常规方式将火扑灭;如果电源没有切断,切记不能用水或潮湿的东西去灭火,避免引发触电事故。

2.2.2 常用工具和材料

工欲善其事,必先利其器。在多旋翼无人机装调过程中,需要使用大量的工具和耗材,此处选取常用的予以介绍,实际工作中可根据需要进行配置。

(1)工具类

1)螺钉旋具

①起子。松、紧螺钉的首选工具,常用的有一字起、十字起和六角头起子等3种,其他如米字形、星形、方头和Y形头等各式起子适用于更加专业的场合。建议根据所用到的各种螺钉型号规格进行适量配置。

②扳手。扳手的种类很多,常用的有固定扳手、活动扳手和内、外六角扳手等,如图2.14所示。多旋翼无人机系统中的机架连接、电机和螺旋桨安装等,用到的多是六角螺母或者是带子弹头的六角螺母,安装调试过程中,要注意扳手开口大小的选择应与螺栓、螺母头部的尺寸一致。

(a)活动扳手　　(b)固定扳手　　(c)两用扳手　　(d)内六角扳手

图2.14　各种扳手

2)专用钳具

①水口钳。水口钳如图2.15所示,用来剪掉多余的线头、电子元器件引脚或扎带等,刀口薄且锋利,适用于剪细铜线和塑料橡胶等材料,剪断后的切口是呈平整状。

②斜口钳。斜口钳如图2.15所示,相比水口钳刀口较厚,常用来剪粗一点的铜线和铁线,切口呈倾斜状。注意,禁止用斜口钳剪钢丝、粗铁丝和较厚的物品,且每次用完后应对刀口进行脏污处理,并涂油保养。

③剥线钳。剥线钳如图2.15所示,是电工、修理工、仪器仪表电工常用的工具之一,用来剥离电线头部的表面绝缘层,便于导线与其他电子元器件之间的焊接,剥线钳的塑料手柄还可以防止静电。基本操作步骤如下:

a.根据电缆线的粗细型号,选择相应的剥线刀口。

b.将准备好的电缆放在剥线钳的刀刃中间,选择好要剥线的长度。

c.握住剥线钳工具手柄,将电缆夹住,缓缓用力使电缆外表皮慢慢剥落。

d.松开工具手柄,取出电缆线,这时电缆内的金属导线整齐地露在外面,其余绝缘塑料完好无损。

(a)水口钳

(b)斜口钳

(c)剥线钳

图 2.15　常用钳具

图 2.16　博世充电
式手电钻

3)手电钻

手电钻是手工制作和装调无人机的必备工具之一,可用于钻孔、攻螺纹、拧螺钉等操作,常用的有充电式手电钻和 220 V 插电式手电钻,如图 2.16 所示为博世充电式手电钻。

手电钻使用注意事项:

①使用时不能戴手套,以防止手套缠绕。

②使用前检查手电钻是否接地,核对电压是否相符,通电后先空转检查旋转方向是否正常后再使用。

③钻孔前,要确定钻头位置是否合适,是否坚固到位。

④钻孔过程中,孔在即将钻透时,手电钻的进给量和力度要适当减小,避免切削量过大造成手电钻从手中脱落或拆断造成安全事故。

⑤操作过程中,若发现手电钻内部出现严重打火声、异味、冒烟等情况,应立即停止使用,检查故障并修复。

⑥装卸钻头应在手电钻完全停止转动并断电时进行,不准用锤和其他工具敲打电夹头。

⑦操作完成或移动手电钻时应断电。

4)电烙铁

电烙铁用来焊接电子元器件和导线,是电子制作及维修过程中必不可少的工具。按机械结构不同,分为外热式和内热式;按功能不同,分为无吸锡电烙铁和吸锡式电烙铁;按用途不同,分为大功率电烙铁和小功率电烙铁。其选用方法主要根据功率大小和烙铁头形状来选择。

建议为电烙铁配一个能调温的焊台,高温度用于焊接电源线,低温度用于焊接数据线,等于多个不同功率的电烙铁。有的焊台还带风枪功能,用风枪加热热缩管又快又美观。如图 2.17 所示为带有调温焊台的电烙铁套装。

图 2.17　带有调温焊台
的电烙铁套装

电烙铁使用应注意以下事项:

①电烙铁使用前应检查使用电压是否与电烙铁标称电压相符。

②电烙铁应该有接地措施。

③电烙铁通电后不能任意敲击、拆卸及安装其电热部件零件。

④电烙铁应保持干燥,不宜在过分潮湿或淋雨环境中使用。

⑤拆烙铁头时,一定记住要关掉电源。

⑥操作完成并关掉电源后,利用余温在烙铁头上上一层锡,以保护烙铁头。

⑦当烙铁头上有黑色氧化层时,可用砂布擦去,然后通电并立即上锡。

5)其他通用工具

其他通用工具包括老虎钳、剪刀、美工刀、直尺、记号笔等,有条件的话可以配置一个电吹风供热缩管使用。这些工具在实训室或工作间随处可见,此处不再赘述。

(2)耗材类

1)各种接头

通过焊接在各种导线上实现无人机系统中电子元器件之间的连接。多旋翼无人机装调工作中常用的接头有香蕉形插头、T 形插头、XT 系列插头、EC 系列插头、JST 插头、平衡充插头等,如图 2.18 所示。

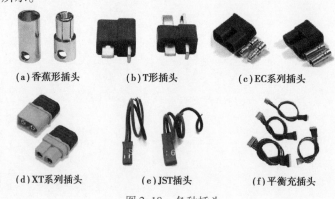

(a)香蕉形插头　　(b)T形插头　　(c)EC系列插头

(d)XT系列插头　　(e)JST插头　　(f)平衡充插头

图 2.18　各种插头

2)连接用导线

连接用导线通过各种接头与无人机中的电子元器件连接,实现供电和信号传输。常见的有硅胶线和杜邦线两类,如图 2.19 所示。

3)紧固类材料

紧固类材料包括尼龙扎带、魔术扎带、魔术贴和热缩管等,如图 2.20 所示。

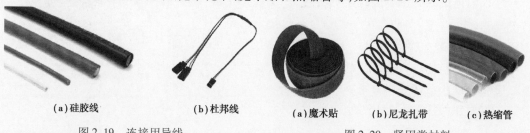

(a)硅胶线　　(b)杜邦线　　　　(a)魔术贴　　(b)尼龙扎带　　(c)热缩管

图 2.19　连接用导线　　　　图 2.20　紧固类材料

2.2.3　操作步骤

（1）设备清点

①F450 四轴机臂 4 根,红、白各 2 根;

②上、下底板各一块,其中下底板为 PCB 印制电路板,连接锂电池后为机上各用电设备提供电能;

③M2.5×6 螺钉 24 颗。

F450 机架套装购置时还会附送 M3×8 螺钉 16 颗,用于将电机安装到机臂上,此处用不上,请妥善保管,以备后续训练时使用。

（2）工具及耗材准备

①首次操作前,请准备好操作台。若两人一组,建议桌面尺寸不小于 1.5 m(长)×0.8 m(宽)。

②内六角扳手一套,也可以根据螺钉型号选用相应规格的内六角起子,但一种起子只能拧紧一种螺钉,功能相对单一。

（3）操作实施

步骤 1:下底板与机臂连接

①将下底板搁置在操作台上,有电路符号标记(比如"+""−"极标记)的一面朝上;

②将 4 根机臂放置在下底板上,机臂与下底板连接的两个螺孔互相对应,注意机臂在下底板的方位,如图 2.21(a)所示;

③翻转下底板与机臂位置,即下底板在上,机臂在下,如图 2.21(b)所示;

④在对应的螺孔中装入螺钉,共 8 颗。注意,拧螺钉时,每个螺钉先拧至 2/3 处,待全部拧完后再统一拧紧。

步骤 2:安装上底板

①再次翻转已连接在一起的下底板和机臂,如图 2.22(a)所示。

②将上底板放置在机臂上,对齐上底板 4 个角和每根机臂上的 4 个安装螺孔;

③按对角顺序拧上 16 个螺钉,拧螺丝时,力度要适中,避免拧坏螺丝。

至此,F450 机架组装完成,如图 2.22(b)所示。

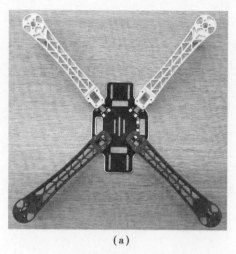 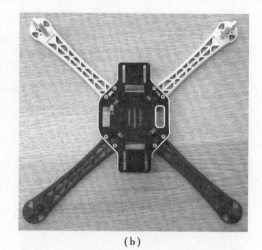

（a） （b）

图 2.21 下底板与机臂连接

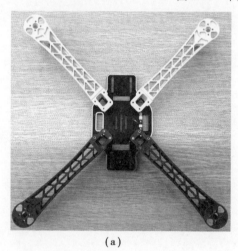 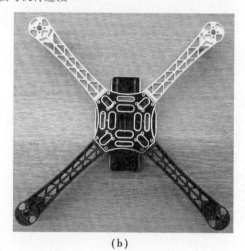

（a） （b）

图 2.22 下底板与机臂连接

步骤 3：机架的拆卸

原则上，拆卸按组装的逆序进行即可。拆卸完成后，要对操作台面进行清理，设备和工具放入指定位置。注意，对拧下的螺丝数量要进行清点不得丢失，避免下次使用时不好匹配。

项目小结

（1）机架是多旋翼无人机的安装平台，相当于人体的骨骼。机架决定了多旋翼的主体结构与外形；机架的轴数和轴距决定了螺旋桨的匹配关系，并进一步决定了飞行器的最大拉力；机架的质量及承载要求决定了机架的材料选择。

（2）正确并规范使用各类安装工具是确保多旋翼无人机装调质量的前提和基础。

（3）单纯的机架组装与拆卸仅仅是一件简单的体力活，但是"设备清点→工具及耗材准备→操作实施"的基本流程却是后续实训任务的规范步骤,这一点一定要在 F450 机架组装操作中予以认真体会,从一开始就养成良好的工作习惯。

习　题

一、选择题(概念记忆)

1.多轴在高原起飞飞不起来,要进行的操作是(　　　)。

A.减质量　　　　　　　　B.换桨叶　　　　　　　　C.换大电池

2.多轴飞行器难以完成下列哪种工作?(　　　)

A.测绘　　　　　　　　　B.直播　　　　　　　　　C.超远距监控

3.在升高和下降过程中,对无人直升机和多旋翼飞行器描述正确的是(　　　)。

A.无人直升机主要靠改变旋翼总距,多旋翼飞行器主要靠改变旋翼转速

B.无人直升机主要靠改变旋翼转速,多旋翼飞行器主要靠改变旋翼总距

C.无人直升机主要靠改变旋翼转速,多旋翼飞行器主要靠改变旋翼转速

4.属于多轴飞行器在运输过程中注意事项的是(　　　)。

A.做好减震措施,固定云台并安装云台固定支架,装箱运输

B.装箱运输,也可行李运输

C.可随意拆卸运输

5.相对于传统直升机,多轴飞行器最大的优势是(　　　)。

A.气动效率高　　　　　　B.载重能力强　　　　　　C.结构与控制简单

6.下列哪种方式可能会提高多轴飞行器的载重?(　　　)

A.电机功率不变,桨叶直径变大且桨叶总矩变大

B.桨叶直径不变,电机功率变小且桨叶总矩变小

C.桨叶总矩不变,电机功率变大且桨叶直径变大

7.多轴飞行器前飞时,单个旋翼(　　　)。

A.前行桨叶相对气流速度小于后行桨叶相对气流速度

B.前行桨叶相对气流速度大于后行桨叶相对气流速度

C.前行桨叶相对气流速度等于后行桨叶相对气流速度

8.多轴飞行器起降时接触地面的一般是(　　　)。

A.机架　　　　　　　　　B.云台架　　　　　　　　C.脚架

9.下列哪种形式的旋翼飞行器不是直升机?(　　　)

A.多轴飞行器　　　　　　B.共轴双旋翼式　　　　　C.自转旋翼式

10. 部分多轴飞行器安装垂尾(　　)。

A. 会降低高速前飞时的稳定性,增加悬停时的稳定性

B. 会增加高速前飞时的稳定性,增加悬停时的稳定性

C. 会增加高速前飞时的稳定性,降低悬停时的稳定性

11. 以下飞行器不是多轴飞行器的是(　　)。

A. Phantom 精灵　　　　　　B. Inspire 悟　　　　　　C. Uh-60 黑鹰

12. 多轴飞行器悬停时的平衡不包括(　　)。

A. 俯仰平衡　　　　　　　　B. 方向平衡　　　　　　　C. 前飞废阻力平衡

13. 多轴飞行器在风中悬停时,下列影响正确的是(　　)。

A. 与无风悬停相比,逆风悬停机头稍低,且逆风速越大,机头越低

B. 一般情况下,多轴飞行器应尽量在顺风中悬停

C. 侧风的作用将使多轴飞行器沿风的去向位移,因此,侧风悬停时应向来风的反方向
压杆

14. 多轴飞行器正常作业受自然环境影响的主要因素是(　　)。

A. 地表是否凹凸平坦　　B. 风向　　　　　　　　　C. 温度、风力

15. 关于部分多轴飞行器,机臂上反角设计描述正确的是(　　)。

A. 提高稳定性　　　　　　B. 提高机动性　　　　　　C. 减少电力损耗

16. 如果多轴飞行器重心过高或过低,桨平面会(　　)。

A. 增加稳定性　　　　　　　B. 降低机动性　　　　　　C. 显著影响电力消耗

17. 当多轴飞行器飞远超出视线范围无法辨别机头方向时,应对方式错误的是(　　)。

A. 加大油门

B. 一键返航

C. 云台复位,通过图像确定机头方向

18. 下列哪个选项中直升机的分类方式是相同的?(　　)

A. 3 代直升机,变模态无人旋翼机,复合无人旋翼机

B. 微型直升机,轻型无人直升机,四轴飞行器

C. 单旋翼带尾桨式无人直升机,共轴式双旋翼无人直升机,多轴无人飞行器

19. 共轴双桨的直升机(　　)。

A. 上旋翼是平衡反扭矩的,下旋翼是操纵面

B. 上旋翼是操纵面,下旋翼是平衡反扭矩

C. 上下旋翼均为操纵面

20. 旋翼机下降过程中,正确的方法是(　　)。

A. 一直保持快速垂直下降　　　　B. 先慢后快　　　　C. 先快后慢

二、简答题(知识点理解)

1. 什么是多旋翼无人机的"轴"、轴数、轴距？
2. 简述多旋翼无人机机架的基本结构及各部分功能。
3. 测量飞跃 680 六旋翼无人机所用的螺旋桨直径,并用实际计算予以验证。
4. 写出多旋翼无人机机架材料的 3 种常见类型及各自特点。

三、操作题:完成下述表格(实训跟踪)

F450 机架组装与拆卸操作训练与考核自我评价						
设备编号		操作日期		小组编号		
小组成员				操作者姓名		
开始时间		结束时间		考核评分		
实训内容与评分标准						
序号	项目	内容	分值	扣分标准		得分
1	操作前准备	着装统一	10	不统一,扣1分		
		队列规范		不规范,扣1分		
		设备、工具、耗材准备		准备不到位,扣2分		
		外观检查		检查不到位,扣1分		
		操作前安全检查		未检查,扣2分		
2	操作过程	下底板与机架连接	65	操作内容生疏最少扣5分		
		安装上底板		操作方法错误最少扣10分		
		机架拆卸		操作不规范最少扣3分		

续表

序号	项目	内容	分值	扣分标准	得分
3	操作安全	人身安全	10	损坏工具最少扣3分,损坏设备最少扣5分,出现较严重安全事故终止操作,总评定为不及格	
		训练设备无损坏			
		工具使用规范			
4	操作后整理	操作台面清理	5	未清理,扣2分	
		训练设备与工具整理		整理不到位,扣1~3分	
5	操作时间	10 min	10	超1 min扣1分,扣完为止	
说明		"操作过程"是指按教材中的"操作步骤"正确完成实训内容			

项目 3　电动动力系统组装

导学

如果说飞控是无人机的大脑,那么动力系统则被誉为无人机的心脏,一旦"心脏"停止跳动,无人机将无法正常工作。因此,动力系统的性能优劣将直接关系到无人机的飞行安全。无论你是一个学习者,还是一个无人机的从业者,对动力系统的组装、调试和常见故障排除,都是你要时时刻刻面对的问题。

在本项目中,我们将对多旋翼无人机中的电动动力系统进行全面认知,并以 F450 四轴飞行器为实训对象,对其中电动动力系统的各组成部件进行组装和连接。让我们继续发扬挑战自我的 DIY(Do It Yourself)精神,充分发挥想象力,自己去做,自己体验,享受成功的快乐。

训练目标

知识目标

①说出锂聚合物动力电池的优缺点,能够解释其参数及应用;
②给出电调外部结构,能够说出电调功能、电参数及其连接关系;
③给出外转子无刷电机,能够说出电机规格与参数;
④给出螺旋桨,能够说出其工作原理,解释其参数、材料与特点;
⑤依据电机、螺旋桨与整机匹配经验,说出三种四旋翼桨机匹配经典案例;
⑥给出 F450 动力系统组装工具,能够说出其使用要领;
⑦给出 F450 动力系统耗材,能够说出其组装时应用场合;
⑧熟悉 F450 动力系统组装工艺过程;
⑨熟悉 B6 充电器功能及参数。

能力目标

①会使用"BB 响"测量电池电压,能够正确设置报警电压;
②阅读电调使用说明书,学会电调油门行程校准或其它参数设置;
③正确使用 F450 动力系统组装工具;
④正确清点 F450 动力系统组装所需耗材;
⑤完成 F450 动力系统组装;
⑥正确使用 B6 充电器进行充放电。

素质目标

①养成严谨的无人机装调工作作风;
②养成按章办事、精益求精的工匠精神;

③养成设备专业实训室 6S 管理的良好工作习惯；

④具有较强的安全生产、环境保护、职业道德和团队合作意识。

任务 3.1　动力系统组成与功能

按电流供电和电信号走向，多旋翼无人机电动动力系统的组成包括电池、电调、电机和桨，即电池负责给全系统供电，电调接收飞控信号后调节电机转速，电机转动带动螺旋桨旋转产生飞行所需的升力。

3.1.1　锂聚合物动力电池

电池主要为无人机提供能量，有镍镉电池、镍氢电池、锂电池等。考虑到电池的质量和效率问题，多旋翼无人机多采用锂电池当中的锂聚合物电池，其包装样式如图 3.1 所示。

（1）概述

采用含有金属锂元素的材料作为电极的电池统称为锂电池，包括金属锂电池（早期，不可充电）和锂离子电池两种形式。和其他电池一样，锂离子电池的组成也包括电极和电解质等元素，如图 3.2 所示。

图 3.1　锂聚合物动力电池

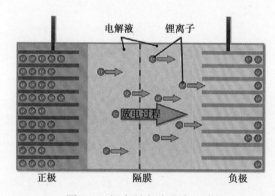

图 3.2　锂离子电池基本组成

而锂离子电池又有液态锂离子电池（LIB）和聚合物锂离子电池（LIP）两种形式，区别在于电解质的不同，前者使用的是液体电解质，后者则以聚合物电解质来代替，这种聚合物可以是"干态"的，也可以是"胶态"的，目前大部分采用聚合物胶体电解质。

1）优点

锂聚合物电池之所以被选为多旋翼无人机的主流动力来源，主要是基于其得天独厚的优势，具体表现在：

①电压高:单块电池工作电压高达 3.6 ~ 3.8 V,远高于镍氢和镍镉电池的 1.2 V;

②容量大:聚合物锂电池的容量密度是镍氢电池或镍镉电池的 1.5 ~ 2.5 倍,或者更高,超高的电池容量使其很早就成为笔记本电脑和智能手机的首选;

③自放电小:在放置很长时间后其容量损失也很小;

④寿命长:正常使用时的循环寿命可达到 500 次以上;

⑤没有记忆效应:在充电前无须将剩余电量放空,使用方便(镍镉电池有记忆功能);

⑥安全性能好,质量轻:聚合物锂电池在结构上采用铝塑软包装,有别于液态电芯的金属外壳,一旦发生安全隐患,液态电芯容易爆炸,而聚合物电芯最多只会气鼓,故保护线路设计可考虑省略 PTC 和保险丝,以节约电池成本;同时,铝塑软包装显然要比金属外壳轻得多;

⑦厚度薄:聚合物锂电池厚度可做到 1 mm 以下,甚至能够组装进信用卡中。而普通液态锂电池厚度做到 3.6 mm 以下即存在技术瓶颈;

⑧内阻小:聚合物电芯内阻较一般液态电芯小,极大地降低了电池的自耗电,不仅延长了手机的待机时间,更成为遥控模型的新选择;

⑨形状可定制:可根据客户需求增加或减少电芯厚度,开发新的电芯型号,开模周期短,有的甚至可以根据手机形状量身定做,以充分利用电池外壳空间,提升电池容量;

⑩放电特性佳:聚合物电池采用胶体电解质,相比液态电解质具有平稳的放电特性和更高的放电平台;

⑪环境适应性强,绿色环保:可在 -25 ~ 55 ℃工作,适合低温使用;同时,锂离子电池中不存在有毒物质,因此被称为"绿色电池",国家重点扶持。

2)不足

①电池成本高:因为电解质体系提纯困难;

②需要保护线路控制:因为过充或者过放都会使电池内部化学物质的可逆性遭到破坏,从而严重影响电池的寿命。

(2)电池电压及其正确使用

电压表示电池正负极之间的电压压降。单节锂电池的有效电压区间一般认为是 2.75 ~ 4.2 V,2.75 V 以下认为是没有容量的,实际到 3.0 V 以下时电池就基本没有什么容量了。因此,正确使用时,应理解以下几个基本概念:

1)标称电压

标称电压也称额定电压,目前工业生产的锂聚合物电池,其单体电芯(单节电池)的额定电压都是 3.7 V。单节电池由满电电压到放电终止电压的放电过程中,电压值并不是线性的,而是一条曲线,如图 3.3 所示。刚开始放电时,电压降低的速度比较接近于线性变化,在 3.7 V 时逐渐平缓,并持续较长一段时间,而后电压又迅速降低。所以,3.7 V 左右是单节锂聚合物电池的最佳使用区段。正因为如此,在实际工程应用中,通常将报警电压设置为 3.6 V,最低不得低于 3.5 V,以有效延长电池的使用寿命。

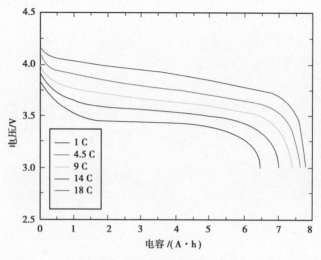

图 3.3　锂聚合物电池放电曲线

2）放电终止电压

达到该电压时放电自动终止,也就是电池将停止工作,一般为 2.5～2.75 V,不同厂家设置该参数时可能略有不同。若低于该电压还继续放电则称为过放,会造成电池寿命缩短甚至失效。

3）满电电压

满电电压即单节电池充满电时的电压。满电电压一般为 4.2 V,高于 4.2 V 时还继续充电即为过充,同样会影响电池使用寿命。

注意:无论是过充还是过放,都会造成锂电池内部激烈的化学反应,电池内部会产生气体而形成膨胀且不可复原,严重时甚至会燃烧、爆炸。因此,锂聚合物电池在充、放电时一定要严守安全操作规程,避免出现责任事故。

4）电池的"S"数和"P"数

为了让电池能获得更高的工作电压和电量,必须对单节电池进行串联或并联构成聚合物锂电池组,如图 3.4 所示。串联节数用 S 数表示,并联用 P 数表示。如 3S1P 表示 3 片单节电池串联,总电压是 11.1 V,电量不变;而 2S2P 则表示 2 片单节电池先串联,然后两个这样的串联结构再并联,总电压是 7.4 V,电量是单节电池的 2 倍。

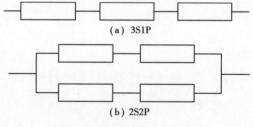

图 3.4　电池的串联与并联

动力电池的电压越高就可以驱动动力更强的电机转动。小型多旋翼无人机上使用的通常都是 1S 或 2S 锂电池,中型多旋翼无人机上使用的通常是 3S、4S 电池,而 6S 及以上的电池通常用在更大的无人机上。

正常使用时,成品电池上都有两组线,如图 3.5 所示。其中的一组是两根粗的,用于电源输出,红正黑负;另一组细线是单节电池的引出线,用于平衡充电和电压检测,根数与电池组 S 数相关,2S 时为 3 根,3S 时为 4 根,6S 时为 7 根,也是红正黑负。

5）电压报警器

电压报警器俗称"BB 响"，是一个低电压报警装置，用于检测电池组的总电压和每块电芯的电压，同时，当电压低于设定值时，会通过蜂鸣器发出响亮的报警声（提供低电压报警），常用于1S～8S锂电池检测。

报警电压设定通过电压调节按钮实现。如图 3.6 所示，实际使用时，把"BB 响"正面拿在手上，靠近大拇指的第一根脚针即为负极，与电池上平衡头的第一个插口相对应，接通后会听到两次滴滴声，之后显示屏将会循环显示 ALL 总电压以及第 X 节单片电池电压。

图 3.5　锂电池引出线使用说明

图 3.6　电压报警器的使用

（3）电池容量

容量是衡量电池性能的重要指标，决定了无人机的最长工作时间。聚合物锂电池的容量是指电池在一定放电条件下（放电倍率、温度和终止电压等）所能给出的电量，单位为 A·h 或 mA·h。例如：容量为 1 000 mA·h 的电池，如果以 1 A 的电流放电，理论上可持续工作 1 h，如果以 500 mA 的电流放电，则可持续放电 2 h。但是因为电池放电并不是均匀的，所以实际使用时间和理论时间有一定差别。

知识拓展

①严格地讲，电池容量必须要指明放电条件，例如：在玩具车上不能用的电池说不定还能在石英钟上使用，因为两者的放电条件不一样；②电池容量和电池能量是两个不同的概念，电池容量乘以电池电压就是电池能量，单位为瓦时（W·h）。所以，电池容量的计量单位是 A·h，而电池能量的计量单位是 W·h。例如：乘飞机限制携带的电池为 160 W·h。

（4）充/放电倍率

锂聚合物电池能以较大的电流充电或放电，而普通锂离子电池则不能，这是两者最重要的区别之一。电池在规定的时间内充入或放出其额定容量时所需要的电流值与额定容量的比值,称为电池的充/放电倍率,通常以字母 C 表示,它决定了电池充/放电的速率和时间长短。

例如:1 200 mA·h 的电池,用 0.2 C 放电表示放电电流为 240 mA(1 200 mA·h 的 0.2 倍率),理论上放电时间为 5 h;若改用 1 C 放电,则放电电流为 1.2 A(1 200 mA·h 的 1 倍率),理论上可使用 1 h。

又如:1 000 mA·h 电池用 2 C 快充,则充电电流为 2 A(1 000 mA·h 的 2 倍率),理论充电时间为 0.5 h。

切记:低充/放电倍率的电池不可大电流放电,否则电池会迅速损坏,甚至自燃;同理,充电时千万不要图快贸然用大电流,超过规定参数充电,电池很容易缩短寿命和损坏。

(5)电池内阻

电池在工作时,电流流过电池内部所受到的阻力称为电池内阻,由欧姆内阻与极化内阻两部分组成,其大小主要受电池的材料、制造工艺和电池结构等因素影响。

电池内阻对充/放电倍率影响较大,容量相同时,充/放电倍率越大则电池内阻越小,而减少内阻则意味着电池生产工艺及成本的提高,所以充/放电倍率越大电池越贵,同容量的 30C 电池价格可能是 5C 的 3~4 倍。另外请注意:电池内阻值大,会导致电池放电工作电压降低,放电时间缩短,科学的做法是按电池标定的参数,正确进行充/放电。

3.1.2 电调

电调全称为电子调速器(Electronic Speed Controlle,ESC)。电调对应使用电机的类型不同,分为有刷电调和无刷电调两种,多旋翼无人机中使用的多为无刷电调。

(1)功能概述

电调的主要作用是根据飞控的控制信号,将电池的直流输入转变为一定频率的交流输出,用于控制电机转速。多旋翼无人机在工作时,电机旋转的电流是相当大的,如果没有电调的存在,飞控根本无法承受这样大的电流,而且飞控也没有驱动无刷电机的功能。所以,细分起来,电调具有以下 3 种具体功能。

①换相:将锂聚合物电池提供的直流电转化为三相交流电供给无刷电机,驱动无刷电机旋转以提供升力;

②调速:根据飞控给出的控制信号对电机的转速进行调节;

③供电:BEC 电调可为飞控或遥控接收机提供 5 V 的工作电压。

按能否给飞控供电可以将电调分为免电源电路(Battery Elimination Circuit,BEC)电调和光耦合器(Optocoupler,OPTO)光电电调两种类型。

BEC 电调具有分流供电能力,如果一个电调上标有 BEC 5 V 1 A 的字样,就代表这个电调能通过杜邦线向飞控或遥控接收机提供 5 V 的电压、5 W 的功率。此时,BEC 电调具有变压器的作用,即通过转换电池电压以供接收机和飞控板工作。当然,如果一个多旋翼无人机的多个电调都给飞控供电,说不定会你争我抢,通常的做法是保留一个电调供电,而将其余电调杜邦线中的红线挑掉,以避免相互干扰。

OPTO 电调不存在挑线问题,因为不具备供电功能,所以在使用时需要再找个电源单独给飞控供电。例如,F450 推荐的 NAZA M-Lite 飞控套装中就含有独立的电源模块,我们将在后续学习中予以讲解。

(2)连接关系

电调有 3 组线,第一组是两根粗线,用来连接锂聚合物电池,红正黑负,不能接反,否则容易烧坏;第二组是红、黑、白 3 根细线并在一起的杜邦线,用来连接飞控或遥控接收机,接收转速控制信号;第三组是 3 根独立的中粗线,用来连接外转子交流无刷电机,怎么接无所谓,如果发现电机旋转方向不符合要求,任意对调其中的两根就可以改变转向。电调的接线关系如图 3.7 所示。

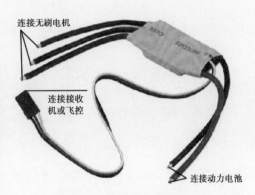

图 3.7　电调的接线关系

(3)电调的电参数

1)电流规格

电流规格即电调上标注的电流安数,如 20 A、40 A 等。这个数字表示电调能够承受的瞬时极限电流,如果超标使用,会导致电调烧毁。对于多旋翼无人机,一般按悬停时电机电流的 4 ~ 5 倍或电调输出电流必须大于电机的最大电流的原则选择电调,这样可以给电流留够充足的余量。例如,常见的 2212 电机加 1045 桨悬停电流为 5 A,瞬时最大电流为 20 A,保险起见,应配置至少 20 A 以上的电调,如 25 A、30 A、40 A 等。

2)输入电压

输入电压为电调正常工作的电压范围。一般直接写在电调的外包装上,或者用电池节数来表示,如 2S ~ 6S 锂电池,即表示有效工作电压范围在 7.4 ~ 22.2 V,使用时应确保电调工作在有效工作电压范围内。

(4)电调油门行程校准

多旋翼无人机正常工作时,遥控器油门杆拉到最低位置时电机转速为 0,油门推到最高位置电机达到最高转速。而电机的转速是由电调调节的,且遥控器油门杆的行程信号需经接收机、飞控和电调才能到达电机。因此,油门行程、电调调速范围和电机转速之间只有相互匹配才能保证动力系统正常工作。

首次使用电调或者更换遥控器时,需要重新设置电调油门航程,否则可能会导致在油门杆最低时电机还在转动,或者油门还没推到最高位置,电机已经达到最大转速。特别是多轴飞行器,如果不进行油门航程设置,几个电机转速不一致将无法飞行。电调油门行程校准的具体操作将在项目5中开展实训。

(5)电调编程

为了获得更好的电调性能,绝大部分电调支持参数调整,即所谓的编程。通常支持的编程项目有:

①刹车设置:没有刹车功能的电调,油门关闭后,电机还有惯性转动。开启后,油门关闭电机迅速停止。电调可以设置无刹车和刹车速度(很快、很慢等)。

②电池类型:设置使用锂电或者镍氢电池,根据电池种类获得更好的性能。

③低压保护:在监控到电池低于某个电压时电调做的动作,如降低功率或者立即切断输出,起到避免电池过放作用。

④低压值设置:设定电池的引发电压保护器作用的电压值。建议设置好这个值,以最大限度地保护电池避免过放,延长电池寿命。

⑤锂电节数:设置自动判断电池节数还是手工指定电池节数。在低电压时自动判断可能会出现差错,建议手工设置电池节数,提高安全性。

⑥BEC电压:设置BEC输出电压。

(6)电机电调的匹配

多轴飞行器电机与电调的匹配和测试是一大难题,因为电调输出的驱动交流相位与电机设计如果不匹配,会造成堵转,导致严重后果。在常规飞行和小负载情况下,很多电机与电调的不兼容表现不明显,但在做大机动导致外界气流对转速干扰过大时,或人工快速调节油门杆时,可能会出现问题,表现为瞬间一个或多个电机驱动缺相,"咻"的一声失去动力,直接"炸"机。要杜绝和排除此类问题比较困难,因为现有中小尺度的多旋翼,几乎100%是开环结构,无法检测到每个电机是否转速正常(工业用多轴飞行器的不少电机是内置转速计并输出飞控),若单独给每个电机安装转速计和电流计来测试,现实成本又太高。

通常情况下,最基础的测试电机与电调兼容性的方案是:在地面拆除螺旋桨,姿态或增稳模式启动,启动后油门推至50%,大角度转动机身,快速大范围变换油门量,使飞控输出动力,仔细聆听电机转动的声音,并测量电机温度,观察是否出现缺相。以上测试并不能杜绝因电机与电调不兼容发生的摔机事故,只能在一定程度上降低其发生的概率。

一个简单的方法就是采购经行业内大量使用测试后稳定性好、适应性好的品牌,如好盈铂金系列电调。

3.1.3　外转子无刷电机

（1）基本概念

多旋翼无人机使用的主流电机是外转子三相交流无刷同步电动机。有关电机的知识实在太多,这里仅就"交流""无刷""外转子"等 3 个概念予以说明。

1）交流

如图 3.8 所示,电调的作用之一就是将锂聚合物电池的直流电换相为交流电后,为三相交流电机提供输入。所以,电调与电机的连接是 3 根线,非常类似输电线用的 220 V,只是电压低得多。玩具多旋翼无人机可能会使用直流电机,因为交流电机体积无法压缩,成本也较高。直流电机 2 根线,接上电池就能转,如果要调速,使用的是直流电调。

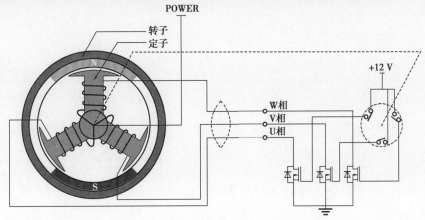

图 3.8　三相交流电机原理

2）无刷

无刷电机是相对于传统的有刷电机而言的。由于采用电子换相去除了有刷电机中的电刷,最明显的变化就是没有了电刷运转时产生的电火花,极大减少了对无线电设备的干扰;没有电刷,运转时的力大大减小,运行顺畅,噪声低;没有机械接触,内阻也小得多;现代无刷电机里普遍使用钕硼磁钢代替铁氧体磁铁,磁力要强得多,所以无刷电机的效率高达 80% ～ 90%,而有刷电机的效率很难超过 40%。所以,抗干扰、噪声低、内阻小和效率高是无刷电机的四大优点。

3）外转子

如图 3.9 所示,定子在里,转子在外,外壳与轴一起旋转,转速低,扭矩大,适合带低速大桨,常被微型固定翼或多旋翼无人机使用。内转子电机工作时只是轴转而外壳不转,扭矩小,转速高,适合带高速小桨,电动涵道航模基本都是内转子电机。

图 3.9　外转子电机

（2）电机规格与参数

1）尺寸

尺寸经常标注在无刷电机的外壳上或说明书里，以四位数字呈现，例如 2212 电机、2810 电机等，如图 3.10（a）所示。其中前 2 位是电机定子线圈的直径，后 2 位是定子线圈的高度，单位是 mm，如图 3.10（b）所示。

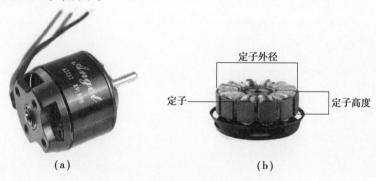

图 3.10　电机的尺寸参数及其含义

这个尺寸也可以认为是电机的型号，其意义在于看型号就可以比较两个电机的功率，但一般只是定子外径相同而高度不同，或者高度相同而外径不同，2218 的电机比 2212 的定子高度高，功率肯定也更大。

2）槽数和极数

①槽数（N）：定子铁芯的槽数量。无刷电机是三相电机，所以槽数是 3 的倍数。

②极数（P）：外转子上磁铁的数量，由于磁铁必定是南北极成对使用，所以极数必然是偶数。

图 3.11　电机的槽数和极数

电机槽数和极数可直接写为槽数 N 极数 P，如 12N14P，即 12 槽 14 极，如图 3.11 所示。

槽数和极数都与最高转速成反比，即槽数

和极数越小,电机的最高转速越高;槽数和极数越大,电机顿挫感(电机不带电时,用手转动电机产生的一卡一卡的感觉)越小,理论上电机振动会更少;当槽数相同时,极数与扭力成正比,极数越大,扭力越大。

3)KV值

无刷电机的KV值定义为转速/V,意思为输入电压增加 1 V 时,电机空转每分钟所增加的转速,或者写成:KV 值×电压 = 空载转速/min。例如:KV 值是 650,在 11.1 V 电压下空转的转速是 11.1×650 = 7 215 r/min 等。KV 值通常标记在电机的外壳上,如图 3.10 中(a)所示。理论上说,电压与电机空转转速是遵循严格的线性比例关系的,并且是常量。

KV 值与定子绕阻的匝数有关,所以同样大小的电机可以有不同的 KV 值。绕线匝数多的,KV 值低,最高输出电流小,但扭力大,适合带慢速大桨;绕线匝数少的,KV 值高,最高输出电流大,但扭力小,适合带快速小桨。相对地说 KV 值小则效率高,转速低且震动小,适合航拍使用。

4)其他参数

①转矩:也称力矩或扭矩,指电机中转子产生的可以用来带动机械负载的驱动力矩,可以理解为电机的力量。

②转速:电机每分钟的转速,一般用 RPM 表示。

③最大电流:电机能够承受并安全工作的最大电流。

④最大功率:电机能够承受并安全工作的最大功率,电压(V)×电流(A)= 功率(W)。电机的功率反映了其对外的输出能力,功率越大的电机其输出能力也更强。

⑤额定电压:即无刷电机适合的工作电压,其实无刷电机适合的工作电压非常广,额定电压是指定负载条件而得出的情况。例如:2212-850 KV 电机指定了 1045 螺旋桨的负载,其额定工作电压就是 11 V。如果减小负载,例如 7040 螺旋桨,那这个电机完全可以在 22 V 电压下工作。但是这个工作电压也不是无限上升的,主要受制于电子控制器支持的最高频率。所以说,额定电压是由工作环境决定的。

(3)多旋翼电机的效率

电机效率是跟螺旋桨有关系的。多旋翼无人机主要靠螺旋桨产生气动力,所以如何发挥螺旋桨的效率至关重要。观察升力公式 $L=\dfrac{1}{2}C_y\rho v^2 S$,我们会发现,升力和气流速度的二次方成正比,也就是说气流速度从 1 变成 2,升力就从 1 变成 4。把转速提高 1 倍或把桨径增加 1 倍都能提高气流速度。但因为是圆周运动,增加桨径后气流的平均速度更大,并且大桨就像是滑翔机机翼,诱导阻力也小,这说明慢速大桨好。还有一点,阻力也和速度的二次方成正比,和前向投影截面积的一次方成正比,这一点也能说明慢速大桨好。所以从气动角度出发,多旋翼无人机应该优先安装所能安装的、互不"打架"的最大的桨。慢速的大桨效率高,搭配它的电机就该选扭矩大、转速低的,即尽量又扁又矮的。所以功率相近的 2216 电机和 2810 电机,一定是后者飞行时间更长。

电机效率的标注方式是 g/W(克/瓦)。电机的功率和拉力并不是成正比的,也就是 50 W

71

时为450 g 拉力,100 W 时就不是900 g 了,可能只有700 g。具体效率要看电机的效率表。大多数电机在3~5 A 的电流下效率是最高的,一般正常飞行中效率保持在8 g/W 以上就可较好地保证续航能力。

3.1.4　螺旋桨

(1)基本原理

螺旋桨由桨毂和桨叶组成,桨叶靠近桨毂的部分称为桨根,桨根的另一端称为桨尖,如图3.12 所示。

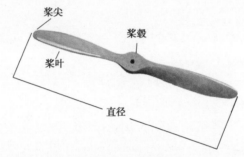

图 3.12　螺旋桨结构

在多旋翼无人机的电动动力系统中,电机仅仅是将电能转换成机械能,而螺旋桨才是真正产生升力的部件。螺旋桨是一个旋转的翼面,适用于任何翼面的诱导阻力、失速和其他空气动力学原理的也都适用于螺旋桨,其产生升力的原理与固定翼飞机的机翼产生升力非常似,不同的是,多旋翼在飞行时,螺旋桨一面旋转产生升力,一面又要随飞机前进,所以其工作情况要比固定翼飞机的机翼复杂很多。

螺旋桨产生的升力大小依赖于桨叶的平面形状、桨叶的迎角和电机的转速。由于桨叶本身是负扭转的,因此桨叶角从桨根到桨尖是变化的,最大迎角在桨根处,最小迎角在桨尖处。扭转的原因是从桨根到桨尖能产生一致的升力,所以当桨叶旋转时,桨叶的不同部位线速度也不同,桨尖处的线速度比桨根处的要快,因为相同时间内桨尖旋转的距离比桨根处要长。如果桨叶设计成在整个长度上迎角相同,则螺旋桨的效率会非常低。

(2)桨径和桨距

1)桨径
桨尖与桨类之间的距离称为螺旋桨的直径,简称桨径,如图3.12 所示。根据升力公式,同一个转速的螺旋桨,桨径越大,升力也越大。

2)桨距
桨叶剖面迎角为0 时,螺旋桨旋转一周沿轴向移动的距离称为桨距,也称螺距,如图3.13

所示。显然,桨叶的倾角越大,桨距也越大。同一个转速的螺旋桨,桨距越大,飞行的速度越快。

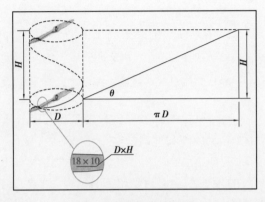

图 3.13　螺旋桨的桨距

螺旋桨的规格型号用"厂家+四位数"的格式来表示,其中四位数的前 2 位是桨径,后 2 位是螺距,单位是 in。如果桨径大于 30 in,需除以 10 才是实际桨径;而如果螺距大于 10,也需要除以 10 才是实际螺距。例如:DJI1555 表示大疆生产的桨,桨径 15 in,桨距 5.5 in。

桨距分为理论桨距和实际桨距。理论桨距是假设螺旋桨在一种不能压缩和流动的介质中旋转,比如说豆腐,那么螺旋桨每转一圈就会前进一个距离,就像拧矿泉水的瓶盖时,每拧一圈瓶盖就走过一个螺距的距离一样,这就是桨距有时也称为螺距的原因。实际桨距就是考虑液体的可压缩性,在实际使用时螺旋桨每旋转一圈所前进的距离,一般情况下,实际桨距都会小于理论桨距。

(3)螺旋桨材质

按材质分,目前多旋翼无人机使用的螺旋桨主要有注塑桨、木桨和碳纤维桨等 3 种类型,如图 3.14 所示。3 种桨性能不尽相同,适用场合也各有侧重。例如,航拍需要的是稳定和效率,所以小型多旋翼可选择 APC 或 DJI 的注塑桨,大载重的可以选择碳纤维桨,载重很大的话可以考虑选择木桨。

(a)注塑桨　　　　(b)碳纤维桨　　　　(c) 木桨

图 3.14　无人机螺旋桨的 3 种材质

1)注塑桨

注塑桨也称塑胶桨或塑料桨,是指使用硬塑胶等复合材料制成的桨叶。目前市面上的注塑桨以美国 APC 公司生产的桨叶最为有名,质量最好,但价格高。

原装 APC 桨的效率很高,续航时间相对较长,小型多旋翼无人机使用原装 APC 桨时的续航时间甚至会优于木桨和碳纤维桨。但由于桨身比较软，大载重、高速、大拉力时会产生轻微变形，产生类似于电线在风中摆动一样的颤振，通俗来说就是悬停时录制的视频很稳，一旦高速飞，航线就容易抖。

针对这种情况，APC又推出了一种多轴专用的MR衍生系列桨叶，优点是增加了桨的硬度，减少了质量，再次提高效率，解决了之前高速转动时桨类的变形问题，缺点是价格贵，且难以找到合适的垫圈，需要自己找物料缩小孔径。

2）碳纤维桨

碳纤维是一种与人造丝、合成纤维一样的纤维状碳材料。碳纤维的材料性能及模具加工工艺决定了碳纤桨有优异的刚度、硬度和准确的桨型，非常适合技巧性飞行和3D飞行。优点是在硬度和刚度上不易变形、效率高、颤振极小，是大多数航拍多旋翼的选择，并且某些桨体可以用螺丝固定免除桨打滑的烦恼。缺点除价格贵外，还需要自己手工做静平衡，上机后根据震动再调动平衡，极脆，碰到硬物易受损。

3）木桨

木桨的材料多为榉木，硬度高，质量轻，经过风干打蜡上漆后不怕受潮。木桨通常应用在固定翼无人机中，如果多旋翼无人机用木桨实际效率有可能会低于碳纤维桨和原装APC。但是优点在于震动极小、静平衡完美、无颤振、价格便宜等。如果你的多旋翼存在难以消除的果冻可以试试更换木桨。当然果冻的存在与电机的动平衡、机架的软硬、飞控的调参也有很大关系。

（4）螺旋桨与电机的匹配

电机与螺旋桨的匹配，电机、螺旋桨与多旋翼无人机整机的匹配，都是非常复杂的问题。为方便初学者学习，这里分享几条业内资深人士的成功经验。

1）部组件选择顺序

总体顺序：选布局→选桨→选电机→选电调→选电池。

基本原则：尽量选大桨，尽量低转速。

在装调一架有具体需求的多旋翼无人机时，对应搭载一定质量的任务设备和预定的飞行时间，可以先估算出总的起飞质量，留出冗余量核算出拉力。这个拉力可以用4个旋翼满足，也可以用6或8个旋翼满足；每个旋翼轴的拉力和功率可以用大桨配低速，也可以用小桨配高速。

这时优先选择X布局的四旋翼形式，尽量用最大尺寸的桨；如果上级或客户需求不允许，或结构布置不好再考虑用六或八旋翼形式换中尺寸的桨；如果是带边框的结构形式，桨的尺寸已限制得很小，那就得考虑增加转速，选高KV值电机；之后再分步选择电调和电池。

2）机桨匹配

大螺旋桨用低KV值电机，小桨用高KV值电机，因为需要用转速来弥补升力的不足。如果高KV值带大桨，扭矩不够，转不动或转不快，电机和电调很容易烧坏；如果低KV值带小桨，完全没有问题，只是转速升力不够，无法离地。

3）选择动力冗余配置

根据飞行器全重和电机厂家配以各类螺旋桨的测试曲线或表格，选择挂载全套设备后依旧有50%或以上动力冗余的螺旋桨与电机配置。多旋翼螺旋桨的拉力除用于悬停,还要用一部分力来前进后退、左右平移,最关键的还有抗风,所以建议保留一半动力来做这些动作,而且可使电池电压降低后不至于升力不足而"炸"机。

一个更具体的例子是,4个2212电机最大拉力3 300 g,整机质量不能超过最大拉力的2/3,也就是2 200 g,如果超过这个界限,那么电机就是高负荷运行,后果就是效率变低,电机震动变大,同时可能会影响飞控。

动力冗余对于六、八旋翼无人机来说,如一轴出现问题,飞控会让其对角轴停止转动,以便能保留动力完成降落或返航。但如果挂载设备后质量已经接近螺旋桨与电机配置的极限值,且其中一轴出现问题时,尽管飞控会尝试让其他几轴输出更大油门来稳定姿态,但最直接的结果可能会使电机电调迅速达到保护临界,电调烧毁,电机过热,随时会导致"炸"机。

4)四旋翼桨机匹配经典案例

①3S电池、全机总重1.8 kg以下,可用2216、KV800电机匹配APC1147桨;

②3S电池、全机总重2 kg以下,可用2810、KV750电机匹配APC1238桨;

③3S电池、全机总重2.5 kg以下,可用2814、KV700电机匹配APC1340桨;

④4S电池、全机总重2.5 kg以下,可有多种选择:2814、KV600电机匹配APC1340桨;3310、KV650电机匹配1238桨;3508、KV580或KV700电机匹配DJI1555或APC1540桨;4108、KV480或KV600电机匹配APC1447或1540桨;

⑤6S电池、全机总重3 kg以下,可选择:3508、KV380电机匹配DJI1555桨;4108、KV380电机匹配DJI1555桨;4010、KV320电机匹配DJI1555桨;4008、KV400电机匹配APC1447桨。

任务3.2　F450动力系统组装

F450动力系统组装

3.2.1　设备清点

参照任务1.4,F450动力系统组装时所需设备包括:

（1）电池

格式ACE 3S 5 000 mA·h锂聚合物电池,1块。

【安全注意事项】本任务只进行动力系统组装操作,不涉及任何调试环节,安全起见,操作过程中严禁飞机通电。

（2）电调

好盈铂金系列Platinum-30A-OPTO-PRO电调,4只。

（3）电机

朗宇 V2216、KV900 电机（附带桨夹零件），4 只；
每只主电机配套主轴 1 个、主轴螺丝 3 个、垫片 1 个、子弹头 1 个、螺母 1 个；
M3×8 螺丝，16 只，用于电机与机臂连接。

（4）螺旋桨

具有 APC 外观的 1047MR 尼龙材料螺旋桨（含安装配套件），4 只，正、反桨数量各 2 只，红、白颜色各 1 只，便于辨别机头朝向。

3.2.2　工具及耗材准备

（1）工具

1）电烙铁及托架
用于电调、电源线的焊接和香蕉头的制作。
2）内六角扳手套件
用于底板与机臂、机臂与电机、GPS 天线与底板之间连接时的螺丝紧固，也可用同类规格的内六角起子代替。
3）其他辅助工具
电吹风、老虎钳、水口钳或斜口钳、剥线钳、剪刀、美工刀、直尺等。
4）螺旋桨平衡器（可选）
多旋翼无人机螺旋桨会随着电机高速旋转（一般为 5 000 ~ 20 000 r/min），所以其旋转平衡是一个很重要的指标。如果有一头重另一头轻或者一侧重另一侧轻等不平衡问题，那么在旋转时就会产生左右或前后的晃动，这样的桨不仅动力效率低，而且还可能损坏电机造成"炸"机事故。一般的桨叶在出厂时都已经进行过自平衡测试，但对于要求较高的场合必须要多次调节桨叶的自平衡。

图 3.15 所示为一种结构简单、使用方便的桨平衡器，主要用来检测螺旋桨的静平衡（动平衡往往很难检测）。其主要结构包括固定板底座和中心固定轴两部分。固定板底座采用碳纤维板材料制造，并镶嵌有高性能磁

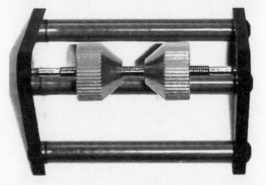

图 3.15　螺旋桨平衡器

铁;中心固定轴由两个 M4×8 mm 法兰轴承和一根 M4× 70 mm 金属支撑杆构成,采用磁悬浮式方式确保被测螺旋桨平衡的零阻力,便于检测两片桨叶是否存在差异。

螺旋桨静平衡的检测步骤如下:

①取下中心轴,调整轴中的两个法兰轴承,使其锥形面相对。

②把其中一个法兰轴承旋转取出,装入要测试的螺旋桨。锥形轴承刚好嵌入螺旋桨中心孔位置,把桨叶调整到轴的中间位置,并将刚取下的轴承以锥面相对的方式拧紧以固定被测螺旋桨。

③把已经调节好的中心轴装在桨平衡器底座上,然后放置在一个水平面上,一定要水平,观察螺旋桨状态。

④任意旋转螺旋桨,观察最终停止后螺旋桨的状态。若出现不平衡现象,则螺旋桨的桨叶会一边高,一边低。

⑤对于不平衡的桨可以采用削减法或增重法来改善其平衡性。削减法就是在重的那片桨叶上用砂纸进行打磨,而增重法则是在轻的叶片上通过贴胶布、滴胶水、涂指甲油、喷漆等方式增加质量,从而使两片桨叶质量一样,最终达到平衡。

(2)耗材

1)香蕉头

用于电机和电调间的连接,共 12 副,公、母头成对出现,其中公头连接电机,母头连接电调。

2)主电源线

12-14AWG 硅胶线红、黑各一根,红正黑负,长度约 15 cm。其一端用 XT60 接头与动力电池连接,另一端以焊接方式与机架下中心板的 PCB 电路连接(有+、−号标记的),用于机载设备供电。

3)魔术贴及扎带

用于固定并扎紧电池。

4)热缩管

焊接完成后的香蕉头需要再套上一小段热缩管,防止电线和焊点裸露,便于插拔,直径一般为 5 mm。

5)尼龙扎带

用于捆扎电调、电线等,保证设备安装紧固,电路规范美观。

6)螺丝胶

用于固定电机与桨夹间的螺丝、电机和机臂间的螺丝等,防止因飞行器振动引起螺丝的松动。螺丝胶具有可溶性,想要拧下螺丝时,只需用电烙铁轻轻加热螺丝即可。

7)焊锡和松香

配合电烙铁使用。

3.2.3　操作实施

（1）步骤一：制作香蕉头

①在电调的 3 根电源输出线的线头上，用美工刀环切约 3 mm 长度的外皮，剥开外皮露出裸线，在裸线上绕一小段焊锡丝并用电烙铁加热，让整个裸线头被焊锡包住，如图 3.16 所示。

②取直径 5 mm 的热缩管，剪 2 cm 长的一段，套在电源线上，如图 3.16 所示。

图 3.16　导线线头裹锡、套热缩管

③取出一个香蕉母头，浅头端向上，用老虎钳钳嘴夹住。在老虎钳把手处，用橡皮筋（或者透明胶、电工胶布等）扎牢，以固定香蕉头，便于后续操作，如图 3.17 所示。

图 3.17　用老虎钳夹紧香蕉母头

④用电烙铁头插入香蕉母头的小孔里面加热，往母头端放焊锡丝直到焊锡融化到 2/3 处。在全部焊锡融化状态下，插入电源线裸线头，移走电烙铁，直到焊锡冷却，如图 3.18 所示。

电烙铁尖头
插入小孔加热，
不断放入焊锡丝

图 3.18　香蕉头与导线连接

⑤把之前套上的热缩管推到与香蕉头平头并将整个香蕉头包住。用电吹风加热热缩套，直到热缩管紧紧套住香蕉头。

⑥重复上述步骤，焊接好该电调的其余两个香蕉头，完成后效果如图3.19所示。

⑦用同样的方法完成剩下3只电调和全部4只电机（公头）香蕉头的焊接，整体效果如图3.20所示。

图3.19 制作好的香蕉母头　　　图3.20 制作好的香蕉公头

（2）步骤二：安装电机

1）安装主轴（电机旋转轴）

①滴一点螺丝胶在旋转轴安装螺丝上。

②把主轴放在电机上，对好螺丝安装孔。

③把上了螺丝胶的螺丝对准螺丝孔，并用内六角扳手初步拧紧，如图3.20所示。

④按同样的方式装好另外两颗螺丝，这样一个电机的主轴就安装好了，如图3.21所示。

⑤重复上述步骤，完成其他3台电机的旋转轴安装。

2）电机与机臂安装

①正确搭配机臂和电机，即2根白色或红色机臂各安装一个逆转电机和一个顺转电机，切记：不要白色和红色机臂都装同一转向的电机。

②拿出机臂附带的电机安装螺丝，并滴上一点螺丝胶。

③把电机放在机臂电机安装座上，对准螺丝孔并滴上螺丝胶。注意：电机连接线朝中心板方向，便于和电调的连接。

④用内六角扳手拧紧4颗螺丝，如图3.22所示。注意：拧螺丝时先拧对角，拧入2/3深度后再拧其余两颗，最后统一拧紧并固定。拧紧后，还要通过电机座的散热孔观察螺丝有没有太长而顶到电机定子上。

图3.21 安装完成的主轴　　　图3.22 用六角扳手拧螺丝

⑤按同样的方法把其余 3 个电机与对应机臂安装好,如图 3.23 所示。

图 3.23　安装好的电机与机臂

⑥将电机连接线穿过机臂上的间隙放在机臂下方,准备与电调的香蕉头连接。

(3)步骤三:焊接电源线

1)准备工作

先做准备工作,如图 3.24 所示。

触点撒点松香
有助焊接

图 3.24　导线焊接前的准备工作

①拿出机架的下底板,将标记"+""-"号触点的一面朝上,记住主电源线和电调导线的焊接位置。

②考虑到电线全部焊接完成后,不好确定飞控的安装位置,此处先用直尺和记号笔按相应几何规则为后续飞控位置做好记号。

③擦净需要焊接的各个触点并放上适量松香,一手用电烙铁加热触点,另一手不断地送焊锡丝到触点上,直到整个触点都盖一层较厚的焊锡,焊锡区以不超出触点范围为宜。

2)焊接电调导线

①取出 4 只电调中的一只,在红、黑两根电源输入线的线头处,用剥线钳环切 5 mm 长度的外皮,剥开外皮露出裸线,用手把露出的裸线拧紧。

②在拧紧的裸线上绕一小段焊锡丝,用电烙铁加热焊锡丝,让整个裸线头被焊锡包住,避免裸线头受力时线内铜丝散开。

③为便于电调安装到机臂下方,将电调的平整面向上,红、黑两根电源线的裸线端对准下底板的一组"+""-"触点处,加少量的焊锡丝在触点上,用电烙铁把红色线焊接在"+"号触

点,把黑色线焊接在"−"号触点,如图 3.25 所示。注意:正负两极一定不要弄错,否则一接电源就会烧掉电调。

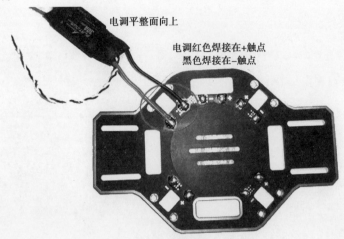

图 3.25 焊接电调

④重复上述步骤完成其余 3 只电调的焊接,如图 3.26 所示。

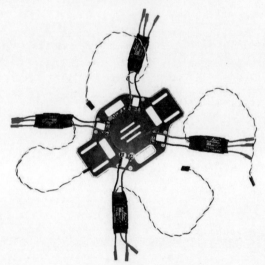

图 3.26 电调焊接完成后

3)焊接主电源线

①剪 2 根 14AWG 的硅胶线作为主电源连接导线,红、黑各 1 根,长度约 15 cm。

②按处理电调导线相同的方法,准备好主电源线,如图 3.27 所示。线的一端是 T 形接头的公头,用于连接电池的母头;另一端裹锡用于下底板焊接。

图 3.27 制作好的主电源线

③用电烙铁将主电源线的裹锡端焊接在下底板的电源输入"+""-"触点处。注意:红正黑负,且电源主线的T形口要向外。

(4)步骤4:制作电池座

①为便于电池的频繁更换,应将电池座安装到上底板上。

②取出上底板,用直尺和记号笔按相应几何规则找到上底板的对称中心。

③剪一段魔术贴,长度不超过上底板的边长,用双面胶将魔术贴的勾面粘贴在上底板的正中位置,如图3.28所示。

④将魔术贴的另一面粘贴在锂电池的正中位置。

⑤利用魔术贴将电池固定,再利用一根长度合适的魔术贴扎带扎牢电池,检查电池是否有松动现象。

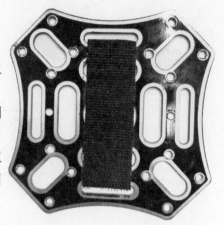

图3.28 制作电池座

(5)步骤5:动力系统初步连接

①尽管是初步连接,但还是严禁接上电源,因为没到调试环节。

②对上述安装步骤再次进行检查确认,检查内容包括:

a.正、负极有无接错。

b.所有焊接点有无脱焊、虚焊现象。

c.电机安装螺丝是否拧紧。

d.香蕉头、T形头是否成套配对。

e.魔术贴是否牢固。

③下底板与机臂连接,方法参见任务2.2。

注意:

a.两根白色机臂为机头朝向。

b.右上角电机编号为M1,左上角为M2,左下角为M3,右下角为M4,要确保M1、M3为逆时针旋转,M2、M4为顺时针旋转。

c.电调的两根电源输入线从每根机臂与电调的两个安装柱中间穿过。

④利用香蕉头连接电调和电机。

⑤安装上底板,方法参见任务2.2。

⑥利用魔术贴将电池放置在电池座上,并用魔术扎带扎紧。

（6）步骤 6：安装螺旋桨

①从螺旋桨的包装袋里拿出桨垫逐个套在电机轴上，找到合适的那个桨垫，如图 3.29 所示。

②用美工刀沿着桨垫边缘切出，切时不要太靠近桨垫边缘。切好后用细砂纸慢慢打磨切口，磨平切口位但要保证桨垫是正圆的。

③把桨垫装到螺旋桨背面大孔中，装好后确保桨垫与大孔处于同一个平面，如图 3.30 所示。

图 3.29   选择合适桨垫

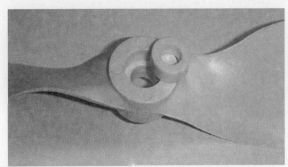
图 3.30   桨垫与大孔处于同一水平面

④按照与电机对应的正、反桨类型，把装好垫片的螺旋桨套到电机轴上，有字的一面朝上。

⑤放上桨夹垫片，用螺母拧紧。

⑥放上子弹头，找一个合适的起子或内六角扳手插入子弹头上的小孔内拧紧子弹头。需要注意：

a.螺母和子弹头都要拧紧，防止螺旋桨高速旋转时因射桨而伤人。

b.因螺旋桨有正、反桨之分，拧紧子弹头时的旋转方向也有所区别，操作过程中应认真体会。

⑦把 4 个螺旋桨全部装到电机上，每装一个螺旋桨都要认真确认正、反桨选择是否正确。

F450 的动力系统安装完成效果如图 3.31 所示。考虑后续还要进行飞控系统安装及全系统调试，布线的检查与整理工作尚未进行。

图 3.31   动力系统组装完成后的 F450

任务 3.3　充电器及其正确使用

多旋翼无人机中的锂聚合物电池通常采用串联方式以达到使用电压的要求,即人们所说的 S 数。由于制造工艺等,单节锂电池的充、放电特性无法保证完全一致,这样会造成某一节或多节电池充电过度而另外几节电池放电过度,即充、放电不饱和的情况。解决的办法是利用合适的充电器对内部单节电池分别进行充电,即将电池的主电源线和单节电池的引出线(与 S 数有关)全部插入充电器对应接口,实现通常意义上的平衡充电。

根据充电原理的不同,锂聚合物电池的充电设备有并行式和串行式两种类型,而串行式又细分为放电式平衡和能量转移式平衡两种方式。关于并行式和串行式的充电电路及充电原理等,不是本书要讨论的内容。基于实训技能形成的需求,本任务将重点介绍多旋翼无人机作业实践中经常用到的 B6 智能平衡充电器。

3.3.1　B6 充电器概述

(1)功能简介

B6 充电器是入门首选的锂电池充电器之一,是一种支持双输入、运用内置高性能微处理器和专业操控软件的高科技快速充电、放电设备,具体功能包括:

①支持的充电电池种类几乎涵盖了主流的可充电电池,包括 Li-ion、Li-Poly、Li-Fe、NiCD、NiMh 和 Pb 等多个种类。

②最多支持 6 串聚合物锂电池的平衡充电方式,充电电流最高可达 6 A(80 W)。

③同时具备放电功能,放电电流最大为 2 A(10 W)。

④内置聚合物锂电池平衡器,可对 2S、3S、4S、5S、6S 等聚合物锂电池进行平衡充电,充电效果好。

⑤机身侧面设计有温度传感器接口。

⑥采用一个带背光的点阵液晶显示器,可以实时显示操作菜单和充电状态,方便直接,外形美观。

(2)充电参数

①电压值:DC11.0—18.0 V AC100—240, −50/60 Hz;

②最大充电功率:50 W;

③最大放电功率:5 W;

④充电电流值:0.1～5.0 A;

⑤放电电流值:0.1～1.0 A;

⑥单个电池的电流:300 mA · h/cell;

⑦镍氢或镍镉电池个数:1～15cell;

⑧锂聚合物电池级数:1～6节(注:支持Li—Fe电池,即A123);

⑨PB电池电压:2～20 V;

⑩质量:580 g;

⑪尺寸:133 mm×87 mm×33 mm。

3.3.2　结构与面板说明

(1)组成

B6充电器由1个充电器主体,1根电源适配器,1条香蕉头转T型头,16AWG硅胶输出线,1条B6供电线和4条T型插转换线构成,如图3.32所示。

图3.32　B6充电器组成

面是一个点阵液晶显示屏和 BATT. TYPE(Stop) 、 DEC. (Status) 、

ART(Enter) 等4个功能按键;左侧端面是一个DC电源输入口和一个温感

;右侧端面有两个圆形电力输出端口和一排平衡充电插座。

(2)按键功能

1) BATT. TYPE(Stop) 键

电池种类以及停止按钮,接电后即可使用该按钮在主菜单中进行切换,充电时可随时按此键停止。

切换主菜单是指每按一次此键就会切换一种电池充电系列模式,这表明了正在充电的电池类型。具体菜单分别是:

①LiPo BATT:对锂电系列进行充电的主菜单；

②MiMH BATT:对镍氢电进行充电的主菜单；

③NiCd BATT:对镍镉电进行充电的主菜单；

④Pb BATT:充 Pb 电的主菜单；

⑤Save Data:保存设定数据菜单；

⑥Load Data:加载数据菜单。

2) $\boxed{\text{DEC. (Status)}}$ 和 $\boxed{\text{INC. (Status)}}$ 键

减小和增加按钮,设置数值 $\boxed{\text{DEC. (Status)}}$ 是减小, $\boxed{\text{INC. (Status)}}$ 是增加,充电时按这两个按钮以浏览电池不同信息。

3) $\boxed{\text{START(Enter)}}$ 键

开始以及确定按钮。

3.3.3 充、放电的具体操作

B6 充电器的使用

在给 B6 充电器接上外部电源之前,首先要连接好电池和各种要选择的转换线,这里以前面准备好的 T 型接头的 3S5000 mA·h 电池充电为例说明操作步骤。

(1)充电前准备

①拿出主体充电器,并把那根带香蕉头转 T 型接头 16AWG 硅胶输出线插入充电器右端的圆形电力输出端口里,而此时电力输出线的另一端为 T 插(公头)接口。

②将待充电池上的 T 插(母头)与电力输出线的 T 插(公头)接口对接,然后将电池平衡线接头连接在充电器对应的平衡线插座上,这里是 3S 电池(4 根线)的平衡端口,如图 3.33 所示。

③检查连接方式无误后,通过电源适配器给充电器接上外部电源,准备充电。

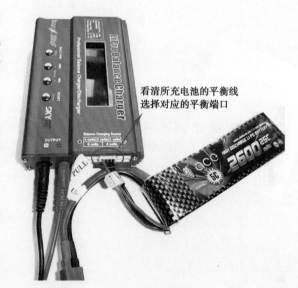

看清所充电池的平衡线选择对应的平衡端口

图 3.33　充电准备

 友情提示

如果待充电池不是 T 型接头,请在购买 B6 充电器时,额外购买 T 插转换线。例如:当电池输出线接口为 JST 插头时,就选择 T 插转 JST 插线;当电池输出线接口是 FUTABA 插头时,则应选择 T 插转 FUTABA 插线,等等。当然,如果有材料的话,也可以自己动手做一根这样的转接线,方法已在前面制作主电源线时介绍过,在此不再赘述。

(2)充电操作

①电源接通后,充电器的屏幕上会显示主菜单。不停地按压 $\boxed{\text{BATT. TYPE(Stop)}}$ 键,可在几个主要菜单中进行切换。选择"Program Select LiPo BATT"锂电池系列菜单,如图 3.34(a)所示。

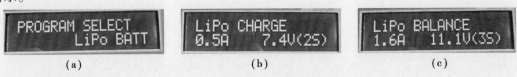

| (a) | (b) | (c) |

图 3.34　充电器显示屏的各种显示状态

②按 $\boxed{\text{START(Enter)}}$ 键,此时充电器显示屏上分两行显示"LiPo CHARGE"(上)和" ＊. ＊A ＊. ＊V(＊S)"(下),如图 3.34(b)所示。这个是锂电充电模式,并非平衡充,不推荐使用。其中的 A 表示电流,V 表示电压,S 表示电池组的电芯数量。

③按 $\boxed{\text{INC. (Status)}}$ 键,此时显示屏上显示"LiPo BALANCE ＊. ＊A ＊. ＊V(＊S)",英文BALANCE 就是平衡的意思,所以即是平衡充电模式,如图 3.34(c)所示。

④在平衡充电模式下按 $\boxed{\text{START(Enter)}}$ 键,则进入平衡充电选项,此刻显示屏会显示"LiPo BALANCE ＊. ＊A ＊. ＊V(＊S)",并且 A 前面的数字是闪烁的,表示现在要进行充电电流的调整,使之符合所充电池充电倍率的安全范围。

友情提示

锂聚合物电池充电时,最多不可超过电池所能承受的充电倍率 C 数,比如充电倍率为 1C时,容量 5 000 mA · h 电池最高只能用 5 A 电流充电,2 600 mA · h 电池最高只能用 2.6 A,等等。建议用 0.5C 更安全,即 5 000 mA · h 电池用 2.5 A。时间可能会稍长点,注意安全第一。另外请切记:容量超过 6 000 mA · h 的大电池不建议用 B6 充电器,会因过热而损坏主板,且充电时间太长。

⑤按 $\boxed{\text{DEC. (Status)}}$ 或 $\boxed{\text{INC. (Status)}}$ 键,改变充电电流值的大小,这里设定为 2.5 A。

⑥调好电流之后,继续按 $\boxed{\text{START(Enter)}}$ 键,此刻显示屏上 V 前面的数字在闪烁,表示要调整充电电压值。如果电池为 2S 则为 7.4 V,3S 电池则为 11.1 V,以此类推。如果要对 3S电池充电,则通过按 $\boxed{\text{DEC. (Status)}}$ 或 $\boxed{\text{INC. (Status)}}$ 键,设定电压值为 11.1 V。

⑦电流和电压都设置好后,继续按 $\boxed{\text{START(Enter)}}$ 键,此刻显示屏上不再有闪烁的数字,表示已经进入待续状态,请再次对设置的电流和电压进行检查确认。

⑧确认过后,长按 $\boxed{\text{START(Enter)}}$ 键 3 s,显示器会显示"BATTERY CHECK WAIT…",并

伴随几声"滴滴滴滴"的提示音。之后,显示屏会出现如图 3.35 所示的内容。其中上行的"R:＊SER"是指充电器自动检测到的电池节数,"S:＊SER"是设置的电池节数,如果数值不等,请不要开始充电,以免损坏电池;下行会在"CANCEL(STOP)"与"CONFIRM(ENTER)"之间来回切换。

⑨再次确认设定值和自检值符合之后,按下 START(Enter)键,B6 充电器即开始为所充电池进行平衡充电。

⑩充电过程中,显示屏上的数字会随时间不断变动,如图 3.36 所示。其中第一行显示的是锂电池的节数、即时充电电流和即时电池总电压,当快要充满电时,这个充电电流会逐渐减小直至为零,表示充电结束,此时显示屏上会有"FULL……"的字样并出现"滴滴滴滴"的提示音;第二行显示的是充电指示、充电耗时和充进的电量数。

图 3.35　充电前显示内容

图 3.36　充电过程中的屏幕显示

充电过程中,可以通过不同的按键来观察实时的充电状态,按 BATT. TYPE(Stop) 键可随时停止充电;按 START(Enter) 键可随时改变充电电流,当然改变后要记得再次确认;按 INC. (Status) 键可随时观看各节电池单独电压;按 DEC. (Status) 键可观看各设定参数。

(3)放电操作

①接通电源后,按 BATT. TYPE(Stop) 键,在主菜单上选择"LiPo BATT"锂电系列菜单。

②按 START(Enter) 键,进入锂电系列的各种模式。

③按 INC. (Status) 键,直至显示"LiPo DISCHARGE ＊.＊A ＊.＊V(＊S)",这就是锂电菜单下的放电模式,DISCHARGE 表示放电。

④接下来的操作方法跟充电一样,设置好放电电流和放电终止电压即可。

项目小结

①锂聚合物电池、电调、电机和螺旋桨是多旋翼无人机电动动力系统的注流配置。从理论指导实践的角度,对这些配置的各种结构参数进行深入理解,将是后续正确装调和安全操纵多旋翼无人机的理论基础和技术支撑。

②电动动力系统各组成件之间的匹配关系对初学者来说比较头痛,需在工程实践中不断

积累经验,才能真正做到熟能生巧。利用互联网上相关无人机论坛或贴吧,多多借鉴"老司机"的装机技巧,没准你也能从"小白"变"大咖"。

③基于后续还要组装飞控系统和进行全系统联合调试的考虑,本任务中,并没有对 F450 动力系统组装过程的走线进行规范和整理,但不表明这不重要! 整个操作过程中的用电安全问题也是需要时刻关注的。

④充电是多旋翼无人机飞行中的一项重要工作,只有科学地进行充电器的参数设置并在充电时关注每一个细节才会更加的安全。锂电池就像一个小炸弹,合理使用会使操作更安全,使飞行更尽兴。

习　题

一、选择题(概念记忆)

1. 下列哪种电池的放电系数最快? (　　)

A. 磷酸铁铝　　　　　　　B. Ni-co Ni-MH　　　　　　C. 锂聚合物电池

2. 放电倍率 10C,电池容量 1 000 mA·h,最大放电电流为(　　)。

A. 10 A　　　　　　　　　B. 100 A　　　　　　　　　C. 1 000 A

3. 电机上印有 CCW 代表什么(　　)。

A. CCW 公司　　　　　　　B. 顺时针旋转　　　　　　C. 逆时针旋转

4. 某多轴动力电池容量为 10 Ah,表示(　　)。

A. 理论上,以 10 mA 电流放电,可放电 1 h

B. 理论上,以 10 000 mA 电流放电,可放电 1 h

C. 理论上,以 10 A 电流放电,可放电 10 h

5. 多轴飞行器的动力系统主要使用(　　)。

A. 无刷电机　　　　　　　B. 有刷电机　　　　　　　C. 四冲程发动机

6. 经测试,某多旋翼飞行器稳定飞行时,动力电池持续输出电流为 10 A,则该多轴可选用(　　)。

A. 50 A 电调　　　　　　　B. 15 A 电调　　　　　　　C. 10 A 电调

7. 电调的英文可简写为(　　)。

A. BEC　　　　　　　　　　B. ESC　　　　　　　　　　C. MCS

8. 多轴飞行器的螺旋桨从结构上说更接近(　　)。

A. 风力发电机叶片　　　　B. 直升机旋翼　　　　　　C. 固定翼飞机螺旋桨

9. 一般锂聚合物电池上都有两组线,一组是两根粗的,一红一黑是电源输出线,还有一组是单节电池引出线(细,与 S 数相关)的相关描述正确的是(　　)。

A.6S 电池有 5 根红线,1 根黑线

B.6S 电池有 7 根引出线

C.6S 电池有 6 根引出线

10.使用多轴飞行器作业过程中,必须紧急返航的情况是(　　)。

A.距离过远,高度过高,超出视线范围

B.监视器显示无人机电池电量过低

C.图传监视器有干扰不稳定

11.多轴飞行器的螺旋桨(　　)。

A.桨根处线速度小于桨尖处

B.桨根处线速度大于桨尖处

C.桨根处线速度等于桨尖处

12.多轴飞行器动力装置多为电动系统的最主要原因是(　　)。

A.电动系统尺寸较小且较为廉价

B.电动系统形式简单且电机速度响应快

C.电动系统干净且不依赖生物燃料

13.电调上最粗的红线和黑线用来连接(　　)。

A.动力电池　　　　　　　　B.电动机　　　　　　　　C.机载遥控接收机

14.如果多轴飞行器安装的螺旋桨与电动机不匹配,桨尺寸过大,会带来的坏处不包括(　　)。

A.电机电流过大,造成损坏

B.电调电流过大,造成损坏

C.飞控电流过大,造成损坏

15.某多轴电机有 2208 字样,意思是(　　)。

A.该电机最大承受 22 V 电压,最小承受 8 V 电压

B.该电机转子高度为 22 mm

C.该电机转子直径为 22 mm

16.多轴飞行器使用的锂聚合物动力电池,其单体标称电压为(　　)。

A.1.2 V　　　　　　　　　B.11.1 V　　　　　　　　C.3.7 V

17.多轴飞行器的动力电池充电应尽量选用(　　)。

A.便携充电器　　　　　　B.快速充电器　　　　　　C.平衡充电器

18.有 2 个输出功率相同的电机,前者型号 3508,后者型号 2820,以下表述正确的是(　　)。

A.3508 适合于更大的螺旋桨

B.2820 适用于更高转速

C.尺寸上,2820 粗一些,3508 高一些

19.同一架多轴飞行器,在同样做好动力匹配的前提下( )。

A.两叶桨效率高　　　　B.三叶桨效率高　　　　C.一样高

20.无刷电机和有刷电机的区别是( )。

A.无刷电机效率高　　　B.有刷电机效率高　　　C.两类电机效率差不多

21.某多轴飞行器电调上标有 15 A 字样,意思是指( )。

A.电调所能承受的稳定工作电流是 15 A

B.电调所能承受的最大瞬间电流为 15 A

C.电调所能承受的最小工作电流是 15 A

22.某多轴动力电池标有 11.1 V,它是( )。

A.6S 锂电池　　　　　B.11.1S 锂电池　　　　C.3S 锂电池

23.某多轴电机转速为 3 000 r,是指( )。

A.3 000 r/min　　　　B.3 000 r/s　　　　　C.3 000 r/h

24.多轴飞行器动力系统主要使用( )。

A.步进电机　　　　　B.内转子电机　　　　C.外转子电机

25.多轴飞行器每个"轴"上,一般连接( )。

A.1 个电调,1 台电机　　B.2 个电调,1 台电机　　C.1 个电调,2 台电机

26.多轴飞行器,电调和电机一般通过 3 根单色线连接,如任意调换其中 2 根与电机的连接顺序,会出现( )。

A.该电机停转　　　　B.该电机出现过热并烧毁　　C.该电机反向运转

27.某多轴电调上有 BEC 5 V 字样,意思是指( )。

A.电调需要从较粗的红线与黑线输入 5 V 的电压

B.电调能从较粗的红线与黑线向外输出 5 V 的电压

C.电调能从较细的红线与黑线向外输出 5 V 的电压

28.关于多轴使用的无刷电机与有刷电机,说法正确的是( )。

A.有刷电机驱动交流电机

B.无刷电机驱动交流电机

C.无刷电机驱动直流电机

29.某多轴螺旋桨长 254 mm,螺距 114 mm,那么其型号可表述为( )。

A.2511　　　　　　　B.1045　　　　　　　C.254114

30.某多轴螺旋桨长 381 mm,螺距 127 mm,那么其型号可表述为( )。

A.3812　　　　　　　B.15×5　　　　　　C.38×12

31.某多轴动力电池标有 3S2P 字样,代表( )。

A.电池由 3S2P 公司生产

B.电池组先由 2 个单体串联,再将串联后的 3 组并联

C.电池组先由 3 个单体串联,再将串联后的 2 组并联

32. 以下哪种动力电池放电电流最大( )。

A. 2 000 mA·h,30 C　　B. 20 000 mA·h,5 C　　C. 8 000 mA·h,20 C

33. 燃油发动机不适合作为多轴飞行器动力的原因,表述不正确的是( )。

A. 生物燃料能量密度低于锂电池

B. 尺寸、质量较大

C. 调速时响应较慢,且出于安全性原因需要稳定转速工作

34. 一架四轴飞行器,在其他任何设备都不更换的前提下,安装了 4 个很大的螺旋桨,下面说法不一定正确的是( )。

A. 升力变大　　　　　B. 转速变慢　　　　　C. 桨盘载荷变小

35. 多轴飞行器的螺旋桨( )。

A. 桨根处安装角小于桨尖处安装角

B. 桨根处安装角大于桨尖处安装角

C. 桨根处安装角等于桨尖处安装角

36. 某多轴飞行器螺旋桨标有"CW"字样,表明该螺旋桨( )。

A. 俯视多轴飞行器顺时针旋翼

B. 俯视多轴飞行器逆时针旋翼

C. 该螺旋桨为"CW"牌

37. 关于多轴飞行器机桨与电机匹配描述正确的是( )。

A. 大螺旋桨要用低 KV 电机

B. 大螺旋桨要用高 KV 电机

C. 小螺旋桨要用高 KV 电机

38. 关于多轴飞行器机桨与电机匹配描述错误的是( )。

A. 3S 电池下,KV900 ~ 1000 的电机配 1060 或 1047 桨

B. 3S 电池下,KV1200 ~ 1400 配 3 寸桨

C. 2S 电池下,KV1300 ~ 1500 配 9050 桨

39. 民航旅客行李中携带锂电池的额定能量超过( )严禁携带 。

A. 100 W·h　　　　　B. 120 W·h　　　　　C. 160 W·h

40. 对于多轴飞行器动力电源充电,以下哪种充电方法是错误的( )。

A. 聚合物锂电池单体充至 4.6 V 满电

B. 聚合物锂电池单体充至 4.2 V 满电

C. 磷酸铁锂电池单体充至 3.6 V 满电

41. 某多轴飞行器动力电池标有 22.2 V,它是( )。

A. 6S 锂电池　　　　　B. 22.2S 锂电池　　　　　C. 3S 锂电池

42. 大电流充电会对电池的性能造成破坏,一般厂家要求用 0.1C 的电流充电,而锂聚合物电池因为性能优越在保证冷却通风的条件下可以用( )的电流充电。

A. 1C　　　　　　　　B. 2C　　　　　　　　C. 3C

43. 记忆效应最强的是(　　)。
   A. 镍镉电池　　　　　　B. 聚合物锂电池　　　　　　C. 铅酸蓄电池
44. 以下哪种动力电池在没有充分放电的前提下不能用大电流充电(　　)。
   A. 铅酸蓄电池　　　　　B. 镍镉电池　　　　　　C. 锂聚合物电池

二、简答题(知识点理解)

1. 什么是螺旋桨的直径和螺距? 螺距和什么因素有关?
2. 什么是电机的 KV 值,与什么因素有关,如何匹配螺旋桨?
3. 写出多旋翼系统中电子调速器的作用。
4. 什么是电池的容量和放电倍率,两者之间有什么关系?

三、操作题:完成下述表格(实训跟踪)

F450 动力系统组装操作训练与考核自我评价					
设备编号		操作日期		小组编号	
小组成员				操作者姓名	
开始时间		结束时间		考核评分	
实训内容与评分标准					
序号	项目	内容	分值	扣分标准	得分
1	操作前准备	着装统一	5	不统一,扣0.5分	
		队列规范		不规范,扣0.5分	
		设备、工具、耗材准备		准备不到位,扣1分	
		外观检查		检查不到位,扣1分	
		操作前安全检查		未检查,扣2分	
2	动力系统组装操作过程	制作香蕉头	60	操作内容生疏最少扣5分	
		安装电机			
		焊接电源线		操作方法错误最少扣10分	
		制作电池座			
		动力系统初步连接		操作不规范最少扣3分	
		安装螺旋桨			

续表

序号	项目	内容	分值	扣分标准	得分
3	B6 充电器操作过程	充电前准备	15	操作内容生疏最少扣 3 分	
		充电操作		操作方法错误最少扣 5 分	
		放电操作		操作不规范最少扣 2 分	
4	操作安全	人身安全	10	损坏工具最少扣 3 分,损坏设备最少扣 5 分,出现较严重安全事故终止操作,总评定为不及格	
		训练设备无损坏			
		工具使用规范			
5	操作后整理	操作台面清理	5	未清理,扣 2 分	
		训练设备与工具整理		整理不到位,扣 1~3 分	
6	操作时间	动力系统组装 60 min B6 充电器使用 10 min	5	超 1 min 扣 1 分,扣完为止	
说明	"操作过程"是指按教材中的"操作步骤"正确完成实训内容;扣分时标准分扣完为止				

项目 **4**　飞控系统安装

导学

飞控是什么？它具体能完成什么任务？它是如何完成这些任务的？带着这些问题，我们开始本项目的学习。

首先，我们将对多旋翼飞控的概念、组成及功能进行认知。然后，安装大疆 NAZA-M Lite 飞控作为它的大脑，以完成它的主体框架搭建，为即将开始的全系统综合调试和飞行实施奠定扎实基础。同时，完成本项目的学习任务，还会为将来有可能涉足其他类型的无人机飞控提供许多有益的帮助，毕竟学习的过程就是知识和技能积累的过程，让优秀成为一种习惯吧。

训练目标

知识目标

①给出飞控系统，能够说出其组成与功能；

②知道飞控系统的发展历程，能够辨别典型开源飞控；

③画出四轴飞控系统原理框图，能够说出其工作过程，解释三大控制回路；

④给出 NAZA-M Lite 飞控，能够说出其特性，说明其设备连接关系；

⑤熟悉飞控系统安装工艺流程与安全注意事项。

能力目标

①阅读 NAZA-M Lite 飞控说明书，正确识别 NAZA-M Lite 飞控接口；

②正确进行飞控相关部组件安装；

③正确进行 NAZA-M Lite 飞控系统连接。

素质目标

①养成严谨的无人机装调工作作风；

②养成按章办事、精益求精的工匠精神；

③养成设备专业实训室 6S 管理的良好工作习惯；

④具有较强的安全生产、环境保护、职业道德和团队合作意识。

任务 4.1　飞控的结构与功能

导航与控制是无人机系统中极其重要的子系统，主要功能是控制无人机的飞行状态（包括姿态和轨迹),使飞机按照期望的航线飞行,满足一定的精度飞向执行任务的区域,以保证顺利完成作业任务。其中无人机控制系统包括机载控制系统和地面控制系统两部分。机载控制系统简称为飞控,地面控制系统简称为地面站。

4.1.1 功能概述

(1)概念

飞控是一种能够稳定飞行器的飞行状态,并能进一步控制(或操纵)飞行器改变飞行状态的自动装置,其功能是代替驾驶员自动对飞机进行稳定与控制,所以又称为自动驾驶仪。稳定是指自动驾驶仪能够在无需人为干预的情况下,自动消除因某种干扰而引起的无人机姿态变化,这种工作状态称为其稳定工作状态。而控制则是指自动驾驶仪按照控制信号的要求操纵舵面或执行机构,改变无人机的飞行姿态,此谓其控制工作状态。

这里要注意无人机导航与控制的区别。无人机导航是指引导无人机从指定航线的一点到另一点飞行,是以"位置差"为引导,飞行中"位置差"会转换成无人机的"姿态差"和"速度差",由飞控实时控制无人机姿态和速度,以使无人机沿着预定航线飞行,自动准确到达目的地。随着技术的发展,导航与控制逐渐集成化。

(2)具体功能

上述概念决定了飞控子系统是无人机系统中完成起飞、空中飞行、执行任务、返场回收等整个飞行过程的核心系统,对无人机实现全权控制与管理,因此飞控子系统之于无人机相当于驾驶员之于有人机,是无人机执行任务的关键。具体功能包括:

①无人机姿态稳定与控制。
②与导航子系统协调完成航迹控制。
③无人机起飞(发射)与着陆(回收)控制。
④无人机飞行管理。
⑤无人机任务设备管理与控制。
⑥应急控制。
⑦信息收集与传递。

以上所列的第①、④、⑥等3项是所有无人机飞行控制系统所必须具备的功能,而其他项则不是每一种飞行控制系统都具备的,也不是每一种无人机都需要的,根据具体无人机的种类和型号可进行选择、裁剪和组合。

4.1.2　发展回顾

（1）固定翼飞控独步天下

自 1912 年美国的爱莫尔·斯派雷（Eimer Sperry）研制成功第一台可以保持飞机稳定平飞的电动陀螺稳定装置以来，能够稳定飞机姿态的自动控制装置——自动驾驶仪（Auto-pilot）得以迅速发展。第二次世界大战以前的有人驾驶动力飞机，不管是运输机还是战斗机，其飞行安全完全得益于自动驾驶仪技术的成熟。

但是，当飞机成功突破音障以后，飞行包线（飞行速度和高度的变化范围）逐渐扩大，飞机自身的稳定性也逐步恶化。随着飞行高度的增加，飞机自身的阻尼力矩因高空的大气密度变小而减小，从而使得阻尼不足而导致飞机的飞行姿态产生强烈的摆动，驾驶员操纵飞机更加困难。为改善飞机姿态摆动的阻尼特性，增加飞行的稳定性，利用角速率陀螺（测量飞机的角速度信号）、放大器和串联舵机形成负反馈回路构成了阻尼器系统。由于阻尼器只能增大阻尼比，即仅能改善飞机姿态摆动的动稳定性，因此又在阻尼器基础上发展了增稳系统和控制增稳系统，不仅可以改善动稳定性，还可以增加静稳定性和改善操纵性。

由此，自动驾驶仪技术得以进一步扩展，并进化为飞行自动控制系统。当驾驶员的反应速度和能力不能胜任多种参数的观测和协调控制时，飞行控制系统也能支持驾驶员完成艰巨的飞行任务，成为驾驶员的得力助手。

可见，飞控并非无人机所独有，它是有人驾驶动力飞机的固有产物。随着世界各国因战争需求而相继开展有人飞机的无人化改造以及新型无人机的研制工作，飞行控制系统的无人化研究也逐步展开，并基于当时冷战的特点形成两种技术流派。

以苏联为代表的研究团队将有人机飞行控制的研发技术体系直接嫁接到了无人机上，飞控硬件使用战斗机飞控计算机，控制算法一直使用分型模态分段辨识、建模、控制的方法。通俗来讲就是要通过吹风洞、机理建模等方法，知道飞行器在起飞、悬停、低速、中速、高速、降落等不同飞行状态下的参数，在不同状态设计相应控制器。飞行器飞行过程中不断切换控制方法或控制参数以保证飞行器处于理想状态。这种流派优势在于硬件经过长期飞行验证，控制算法在设计模态内系统稳定性可以经有效理论证明；缺点在于硬件傻大笨粗且无法预测实际飞行过程中可能经历的所有飞行状态。

而以美国为代表的技术团队，则前瞻性地在 20 世纪中期开始布局前沿技术的探索和积累，支持各研究机构和大学探索更多新的无人机专用的飞控硬件和算法，形成了以嵌入式计算机为硬件核心、以自适应控制为算法的飞控体系。这种体系采取了在线辨识功能，也就是说在飞行器飞行的过程中通过在线辨识理论方法，控制器自己判断自身所处的状态、参数等，根据这些信息响应切换不同的控制策略或控制参数。其优势在于系统体积小、质量轻，缩短了新型无人机的研发过程，智能性进一步增强；缺点在于需要较长时间的理论技术积累，且在某种程度上无法证明全局系统稳定性。但无论怎样，飞控的发展成为其重要的促进技术之一,让美国的军用无人机一跃成为世界领先,其他国家也纷纷效仿。

事实上,只有固定翼才算是无人机真正的鼻祖。从结构上看,固定翼没有垂直起降飞行器过多的旋转、振动部件,气动也比较简单;从控制方面看,固定翼属于静稳定系统,就像人们开车,手离开方向盘几秒钟汽车仍能正常直行,相比之下属于静不稳定的垂直起降飞行器则需要驾驶员随时调整操纵杆,稍有疏忽就会坠毁。这种特性让垂直起降飞行器的控制非常困难,也让来源于固定翼飞控的团队在应对垂直起降飞行时束手无策,以往积累的固定翼飞行控制策略可借鉴意义不大,甚至直接使用原有的空速进行控制还会经常导致致命的摔机。

(2)开源飞控崭露头角

现在知道为什么早期的航模人都是从固定翼入手的吧?因为又大又重的机械陀螺仪在质量和体积上实在难以应用到小型飞行器中。20 世纪 90 年代以后,MEMS 技术开始成熟,只有芯片大小的 MEMS 传感器被制造出来,使得研制能够自主导航的小型飞行器成为可能。

在民用飞行器领域,MEMS 陀螺仪传感器最早被应用于小型航模直升机。当时的直升机航模一般没有装备飞控,完全靠飞手手动控制,因此非常难以驾驭,只有经过大量训练的玩家才能够比较好地操控。因为操控直升机,不仅要通过遥控器手动控制姿态上的 3 个自由度使其平衡飞行,还要同时控制油门及桨距来保持其高度稳定,新手很容易手忙脚乱导致直升机坠机炸毁。后来有人在直升机上加入了一个单轴陀螺仪,可以感知偏航轴的角速度变化,以控制尾桨的转速来保持直升机的航向不变,从而在一定程度上降低了直升机的操控难度,所以也被称为锁尾陀螺仪。

后来,机械上更加简单轻便的四旋翼结构逐渐流行开来,它省去了直升机上最复杂的自动倾斜器,只依靠调整 4 个螺旋桨的转速来控制飞行器的姿态。手动控制变得近乎不可能,因为人的反应速度不足以同时手动控制 4 个螺旋桨,保持稳定所需要的调整速度和精度也是人工无法做到的。即使像直升机使用一个单轴的 MEMS 陀螺仪也只能感知一个平面内的角度变化,于是有人想到了用 3 个陀螺仪互成 90°夹角的组合方式来测量飞行器在三维空间内运动的 3 个轴的角速度,然后让微处理器以非常高的频率去控制 4 个螺旋桨的转速。飞手只要控制 3 个轴的角速度就能保持四旋翼飞行器的稳定,大大降低了操控难度。

来自法国的一个开源项目 KK 飞控便是此类型的一个代表作,KK 飞控软硬件全部开源,采用 atmega8 单片机和 3 个单轴的陀螺仪,硬件简单且成本低廉,因此早期受到了很多玩家的欢迎。但因为程序采用汇编语言编写,移植性和可读性都较差;同时,因为只有陀螺仪,飞控只能测量出飞行器的角速度,而无法计算飞行器相对于水平面的角度,因此不能自动保持平衡。需要飞手实时观察飞行器姿态,通过眼睛的实时反馈来控制每个轴的运动角速度,使飞行器达到一个平衡的状态。所以说,尽管 KK 飞控使四旋翼变得可以操控了,但并不代表人人都能飞得很好,能驾驭 KK 飞控的飞手,通常是那些经过千锤百炼的玩家,或者是练过直升机的。基于此,尽管目前仍能从淘宝上购买到该飞控,但强烈建议不选择这款"古董级"飞控,除非你想特意为自己的入门学习之路增加难度。

知识拓展

开源(Open Source)的概念最早被应用于开源软件,一个称为"开放源代码促进会(Open Source Initiarive)"的组织用其描述那些源码可以被公众使用的软件,并且此软件的使用、修改和发行也不受任何许可证的限制。每一个开源项目均拥有自己的论坛,由团队或个人进行管理,论坛定期发布开源代码,而对此感兴趣的程序员都可以下载这些代码,并对其进行修改,然后上传自己的成果,管理者从众多的修改中选择合适的代码改进程序并再次发布新版本。如此这般,形成"共同开发、共同分享"的良性循环。

后来,开源软件的发展逐渐与硬件相结合,产生了开源硬件。开源硬件的原则声明和定义是开源硬件协会(Open Source HardWare Association,OSHWA)的委员会及其工作组以及其他更多的人员共同完成的。硬件与软件不同之处是实物资源应该始终致力于创造实物商品。因此,生产在开源硬件许可下的产品的人和公司有义务明确该产品没有在原设计者核准前被生产、销售和授权,并且没有使用任何原设计者的商标,硬件设计的源代码的特定格式或已被其他人获取,以方便对其进行修改。在实现技术自由的同时,开源硬件提供知识共享并鼓励硬件设计开放交流贸易。

因此,所谓开源飞控就是建立在开源思想基础上的自动飞行控制器项目(Open Source Auto Pilot),同时包含开源软件和开源硬件,而软件则包含飞控硬件中的固件(机载软件)和地面站软件两部分。爱好者不但可以参与软件的研发,也可以参与硬件的研发,不但可以购买硬件开发软件,也可以自制硬件,这样便可让更多人自由享受该项目的开发成果。开源项目的使用具有商业性,所以每个开源飞控项目都会给出官方的法律条款以界定开发者的使用权利,不同的开源飞控对其法律界定有所不同。

随着半导体工艺的发展,能够测量三轴角速度的 MEMS 传感器诞生了,而除了 MEMS 陀螺仪传感器,还有 MEMS 加速度传感器。越来越多的消费级电子产品使用了这些传感器。加速度传感器不仅能测量出物体的运动加速度,还能测量出地球上无时无刻不存在的重力加速度,对重力加速度进行一定计算,便能得出此时飞行器相对于水平面的倾角。利用特定的算法结合陀螺仪和加速度测量到的数据,就可以计算出飞行器此时相对于水平面的姿态,从而实现自稳控制,即自动保持与水平面平行的飞行姿态。

其次,还有 MEMS 磁力计与 MEMS 气压计。众所周知,地球上存在着恒定的磁场,磁力计测量得到 3 个轴的磁感强度,经过计算后使飞行器能够感知自身的飞行朝向,这是实现自主导航的基础。气压计则可以测量大气压强,因为大气层内大气压强随着高度增加而逐渐递减,根据这个关系便可以将测量到的大气压强转换为高度,目前精度最高的消费级 MEMS 气压计传感器分辨率可以达到 10 cm。

为了能实现自主悬停飞行及导航,飞控必须还得解决最后一个问题,即获得飞行器自身的位置。在室外,GPS 定位系统是唯一一个比较实用的获取自身位置的手段。不过普通民用 GPS 接收机的定位精度通常在米级,所以通常飞控需要利用 GPS 结合其他传感器来融合计算出较高精度的位置数据。

2006 年,德国的 Microdrones 公司终于跨出了重要的一步:强势推出 md-200 四旋翼飞行器,兼备极佳的稳定性和有效载荷能力,逐渐向全世界的民用工业领域推广开来。同年,德国还诞生了一款影响重大的开源飞控——Mikrokopter(MK),被无数后来者模仿和学习。

(3)自研飞控赢得商机

虽然开源飞控给多旋翼发烧友们带来了无穷的乐趣,也极大地促进了飞控技术的快速发展,但这种"半成品"依然有着天然的基因缺失,主要表现在:一是硬件设备未经可靠性、规模化验证,硬件类型往往是用于移动终端或其他机器人的消费级器件,在体现整体系统架构的同时能有效控制成本,并未充分考虑温度、环境、振动、批量供货等产品化过程;二是软件技术体系冗余严重、资源不足。出于通用性的考虑,目前开源飞控适配几乎所有类型的飞行器、通信协议中预留了大量负载字段、占用了几乎大部分系统资源等,这些特性会造成过度冗余的底层程序、控制策略、通信协议段、不足的内存及计算资源,后续的开发会持续处于"对付"的状态,造成产品不稳定。

在这种情况下,自研飞控横空出世并赢得无限商机。目前几家知名的无人机公司都是从自研飞控起家的,基本上都经历了10年以上的技术沉淀。这些团队都是从电容电阻逐个画到板子上、代码一行一行码到屏幕上开始起步,开发过程往往采用模块化搭建,比如先开发传感器采集、舵机/电机控制,再调试独立通道从航向、转速、定高、俯仰、横滚等让飞行器稳定,随后是稳定悬停,到这里已经是成功一大步了,最后是航线飞行,可以按照设定航迹点自动飞行……至此才算基本完成"自研飞控"的研发过程。这里虽然看起来短短几行字,但我们的飞控工程师们至少要经历几年的时间,还是一切顺利的情况下!自研飞控确实耗时耗力,但带来的好处是由于对硬件和软件的充分理解,后续的开发和改进会大大加速,遇到任何问题时的改进速度也会大大加快。也正是因为这些原因,前期的有效积累奠定了目前几个知名无人机公司的快速发展。正因为如此,自研飞控我们也称之为"商品控"。

2011年,深圳大疆创新(DJI)发布了公司旗下首款多旋翼商业飞控WooKong-M,中文名悟空。在推出悟空之前,DJI已经于小型直升机飞控领域深耕数年,并取得了卓越成就。受到2010年法国Parrot公司推出的第一代Ar. Drone而掀起一阵四旋翼飞行器浪潮的影响,DJI也决定进军多旋翼市场,很快便将其在直升机飞控上积累的技术移植到了多旋翼飞控上,并命名为WooKong-M(悟空)。

悟空飞控为当时国内外多旋翼消费市场上难得一见的高端飞控,包含了一个独立的工业级IMU传感器模块与一个集成电子罗盘的GPS模块,具有极佳的稳定性和自主飞行能力,推出后被迅速应用于许多航拍类多旋翼飞行器。

4.1.3 系统组成

首先,思考一下有人机的飞行员是如何驾驶飞机的,如图4.1所示。飞行员的任务可描述为:在观察飞行仪表上各种状态参数(俯仰角、偏航角、滚转角、温度、速度、压力等)的同时,判断飞机的飞行姿态是否正确,飞行功能是否正常;通过控制操纵杆使飞机稳定在其三轴(俯仰、偏航、滚转）上，确保飞机以一定的飞行高度、速度和航向，并按照相对于地面的某种轨迹飞行。其工作过程如图4.2所示。

图4.1　有人机驾驶员与座舱

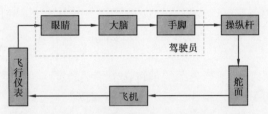

图4.2　驾驶员操纵飞机过程图示

从图4.2可以看出，这是一个典型的闭环反馈系统，图中虚线框表示驾驶员，如果用自动驾驶仪来代替驾驶员控制飞机，则无人机中的自动驾驶仪必须包括与虚线框内3个部分相应的装置，并与无人机组成一个闭环反馈系统，如图4.3所示。

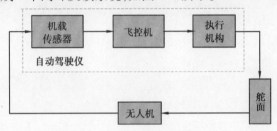

图4.3　无人机闭环控制系统

（1）机载传感器

传感器是一种敏感测量装置，能感受到被测量的信息，并能将感受到的信息按一定规律变换成为电信号或其他所需形式的信息输出，以满足信息的传输、处理、存储、显示、记录和控制等要求。其核心含义是采集相关物理量并将其变成电信号，如图4.4所示。

图4.4　传感器基本原理

无人机上的传感器也称机载测量装置，主要作用是测定飞机的姿态和位置，而位置又和高度、速度和航向等有关，故传感器有多种类型，分别承担不同的任务。多旋翼无人机中经常用到的传感器有陀螺仪、加速度计、磁力计、气压计和GPS位置传感器等，这些传感器构成多旋翼导航飞控系统设计的基础。

1）陀螺仪

陀螺是我们小时候最酷爱的玩具之一，在不转动的情况下它很难站在地面上，一旦高速旋转起来,即使地面是斜的,也会保持垂直旋转,这就是陀螺的"定轴性"或称"稳定性";同时,陀螺还具有"进动性",即高速旋转的陀螺受到外力的作用时,会在自转的同时沿另一个固定轴不停转动。这样,陀螺的自转轴和进动轴之间就形成了一个夹角,利用安装在陀螺仪上的电位计就可以测得这个夹角的大小和方向,从而确定姿态的变化。因此也有人将陀螺仪称为角速度计或姿态传感器,主要用来测量机体(固定翼或多旋翼)绕自身轴(俯仰轴、偏航轴、滚转轴)旋转的角速率,以构成角速率反馈,改善系统的阻尼特性,提高稳定性。

传统的机械陀螺仪是一个高速旋转的陀螺,通过3个灵活的轴将这个陀螺固定在一个框架中,如图4.5所示。无论外部框架怎么转动,中间高速旋转的陀螺始终保持一个姿态(定轴性),通过3个轴上的传感器就能够计算出外部框架旋转的度数等数据。

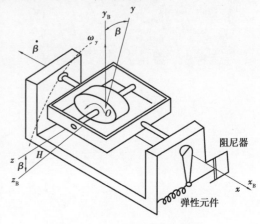

图4.5 传统机械式三轴陀螺仪

很显然,这样的机械陀螺仪是不可能应用到多旋翼无人机上的,好在还有 MEMS 陀螺仪。MEMS 陀螺仪基于旋转物体在有径向运动时会受到切向力(哥氏力)的特点,采用振动物体传感角速度的概念,利用振动来诱导和探测哥氏力位而设计的。所以 MEMS 陀螺仪和机械陀螺仪在工作原理上是不同的,但这并不影响它们在功能上的一致,都是提供飞行时的平衡参数,而对多旋翼无人机而言即是机架与平面的关系。通过这些参数,飞控可以控制多旋翼无人机平稳飞行。

MEMS 陀螺仪没有旋转部件,不需要轴承,可以用微机械加工技术大批量生产,因而其优势是成本低、体积小、质量轻,只有几克重,稳定性和精度都比机械陀螺高,已基本上取代了传统的机械陀螺仪在无人机中的应用。目前,常用的 MEMS 陀螺仪型号有 6050A(Invensense)和 ADXRS290(ADI)等,而衡量陀螺仪性能的指标则包括测量范围(量程)、灵敏度、稳定性(漂移)以及信噪比等。

2)加速度计

加速度计用来测量飞行器线加速度,并对测得的加速度进行一次和二次积分,以求得飞行器的运动速度与坐标(高度或距离)。图4.6所示的是一种弹簧-质量块式传统机械加速度计的工作示意图。从原理上说,加速度计利用的是一个"重力块"惯性,当传感器有动力时,重力块会对 X、Y、Z 3个方向(前后、左右、上下,图中仅有一个方向)产生压力,再利用一种压电晶体,把这种压力转换成电信号,随着运动的变化,各方向压力不同,电信号也在变化,从而判断飞行器的加速度方向和大小。

目前,多旋翼无人机飞控中几乎全部采用的是基于 MEMS 技术的三轴加速度计。与机械式加速度计稍有不同的是,MEMS 三轴加速度计采用压阻式、压电式或电容式工作原理,产生的比力(压力或位移)分别正比于电阻、电压和电容的变化,这些变化可以通过相应的放大和滤波电路进行采集,采集到的数据可以计算速率、方向,甚至是无人机高度的变化率。

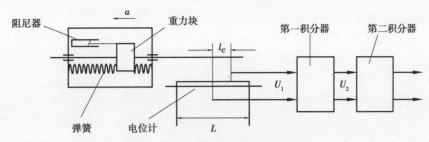

图 4.6　弹簧-质量块式加速度计示意图

对于任何一款无人机来说,加速度计都是一个非常重要的传感器,即使无人机处于静止状态,也要靠它提供相关输入,因为它还决定无人机在静止状态的倾斜角度。

无人机中常用的 MEMS 三轴加速度计型号有 6050A(Invensense)和 ADXL350(ADI)。部分传感器生产商为了提高芯片集成度,会将陀螺仪和加速度计封装在一起,称为六轴传感器,例如 6050A(Invensense)。

3)磁力计

磁力计也称磁罗盘,主要作用是为无人机提供方向。目前广泛采用的三轴磁力计能够提供 X、Y、Z 3 个轴向所承受磁场的数据,这些数据最终汇入飞控机的算法当中,以解算出与磁北极相关的航向角,然后就能利用这些信息来侦测地理方位。为了算出正确方向,磁性数据还需要加速度计提供倾斜角数据以补强信息。

针对需要侦测物体运动变化情况,三轴磁力计承载着至关重要的绝对指向作用,为稳定飞行、辅助导航等多样化功能保驾护航。因此,三轴磁力计的可靠性是多种传感器装置稳定工作的基石。衡量三轴磁力计的性能参数主要包括灵敏度、稳定性(漂移)等。

4)气压计

气压计测量的物理量是大气压值,根据该数值可计算出绝对海拔高度。地球上的大气压是随高度的变化而变化的,它与海拔高度的关系是:高度增加,大气压减小。在 3 000 m 范围内,每升高 12 m,大气压减小 1 mmHg(汞柱),大约 133 Pa(帕)。气压计的测高原理正是利用大气压与海拔高度的这种变化关系。

当前,多旋翼无人机飞控系统中内置的高性能 MEMS 气压传感器不仅能够对气压变化快速响应,实时反映出无人机高度的变化,还可以与其他传感器的读数相结合用于高度控制,并进一步改善飞行稳定、高度控制、起飞和着陆时的性能。

当然,无人机对气压传感器的要求近乎苛刻,即使受到不良天气和温度影响,高度的精确度也必须控制在严格的公差范围内。另外,随时间推移传感器必须保持低延迟和微乎其微的漂移量,这些都是对气压传感器的性能要求。

在上述 4 种传感器中,三轴陀螺仪和三轴角速度计被组合在一起称为惯性测量单元(Imertial Measurement Unit,IMU),随着 MEMS 技术的不断发展和成熟,磁力计和气压计也会根据需要被集成到 IMU 中。由此,我们可以用非常通俗且形象化的语言来描述 IMU 的功能:陀螺仪知道"我们转了个身",加速度计知道"我们又向前走了几米",而磁力计知道"我们是向某个方向"的,气压计则知道"我们现在有多高"。

IMU 的各类数据会实时传给飞控计算机,飞控计算机将这些参数与飞机当前的姿态数据进行比对,计算出一个方向和角度的补偿数据并以指令形式发送给执行机构,由执行机构完成补偿动作。当传感器感知到飞机平稳后,飞控计算机将停止补偿信号,这就形成了一个完整的闭环反馈,并由此实现对无人机姿态的稳定和控制功能。

5)位置传感器

用于监测无人机的实时位置,是飞行轨迹控制的必要前提。民用无人机系统的位置传感器首选 GPS,北斗也在逐步拓展其应用。

(2)飞控机

1)功能

飞行控制计算机,简称飞控机,是飞控系统的核心部件。从无人机飞行控制的角度来看,飞控机应具备如下功能:

①姿态稳定与控制。

②导航与制导控制。

③自主飞行控制。

④自动起飞与着陆控制等。

2)硬件构成

①主处理控制器:主要有通用型处理器 MPU、微处理器 MCU、数字信号处理器 DSP 和现场可编程门阵列 FPGA 等。

②开关电源:飞控机的关键部件之一。由于飞控机通常使用 5 V、±15 V 等直流电源电压,而给无人机供电的一次性电源由于型号不同而区别较大,因此需要一个电源模块将一次性电源的供电变换成飞控可用。

③模拟量输入/输出接口:将各传感器输入的模拟量进行信号调理、增益变换、模/数(A/D)转换后,提供给主处理控制器进行相应处理。模拟信号一般可分为直流模拟信号和交流模拟信号两类。模拟量输出接口用于将数字控制信号转换成执行机构可以识别的模拟控制信号。

④离散量接口:用于将飞控机内部及外部的开关量信号变换为与主处理器工作电平兼容的信号。

⑤通信接口:用于将接收的串行数据转换为可以让主处理器读取的数据或将主处理器要发送的数据转换为相应的数据。飞控计算机和传感器之间可以通过 RS232/RS422/RS485 或 ARINC429 等总线方式通信,随着技术的不断发展,1553B 总线或其他总线通信方式也陆续应用到无人机系统中。

⑥余度管理:飞控机多为双余度配置。余度支持电路用于支持多余度机载计算机协调运行,包括通道计算机间的信息交换电路、同步指示电路、通道故障逻辑综合电路以及故障切换电路等。

⑦检测接口:飞控机应留有合适的接口,方便与一些检测设备连接。

⑧机箱:直接影响机载飞控机抗恶劣环境的能力以及可靠性、可维护性和使用寿命等。

以上的硬件构成并非飞控的标配,应用领域不同的无人机,其飞控机在结构上会存在较大差异。图 4.7 所示的是一款 PX4 的开源飞控的硬件系统结构。

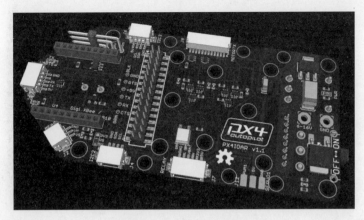

图 4.7　PX4 集成飞控系统

3）飞控机软件

飞控软件是一种运行于飞控计算机上的嵌入式实时任务软件。它不仅要功能正确、性能好、效率高，而且要有较好的质量保证、可靠性和可维护性。主要功能模块包括：

①硬件接口驱动模块。

②传感器数据处理模块。

③飞行控制模块。

④导航与制导模块。

⑤飞行任务管理模块。

⑥任务设备管理模块。

⑦余度管理模块。

⑧数据传输、记录模块。

⑨自检测模块。

⑩其他模块等。

（3）执行机构

多旋翼无人机系统中的执行机构指的是电调、电机和舵机（如果有的话）等，此处不再赘述。

4.1.4　工作原理

（1）工作过程

综上所述，飞控可以理解成无人机的 CPU 系统，是无人机的核心部件。对于麻雀虽小、五脏俱全的多旋翼无人机来说，其飞行、悬停、姿态变化等都是由多种传感器将飞行器本身的姿态数据传回飞控机,再由飞控机通过运算和判断下达指令,由执行机构完成动作和飞行姿态调整,这就是飞控系统的基本工作过程,如图4.8所示。

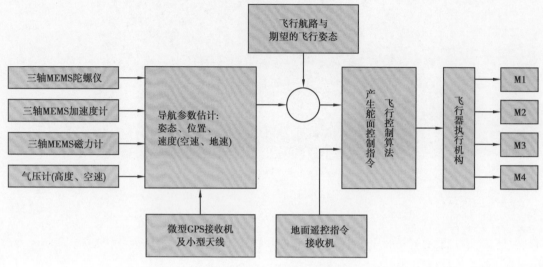

图4.8 微型飞行器自动驾驶仪原理框图(四轴)

(2)控制回路

从图4.8不难发现,无人机要实现自动巡航飞行必须通过飞行控制系统形成回路。不同的飞行任务要求组成各种不同回路。一般情况下,复杂的飞行控制回路主要由舵回路、姿态控制回路和位置控制回路等3个回路组成,如图4.9所示。3种回路分别对应于无人机的3种控制模式:纯手动模式、姿态模式和GPS模式。

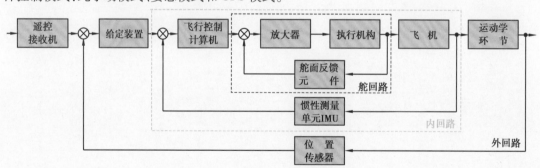

图4.9 飞行控制系统的3种回路

1)舵回路

飞行控制系统根据输入信号,通过执行机构控制舵面。为了改善舵机的性能,通常引入内反馈,即将舵机的输出端反馈至输入端,形成随动系统(或称伺服系统或伺服回路),简称舵回路。舵回路由舵机、放大器及反馈元件组成,如图4.9所示中蓝色虚线框所示。图中舵面反馈元件通过测出舵面偏转的角速度,反馈给放大器以增大舵回路的阻尼,改善舵回路的性能;同时舵面角位置信号反馈到舵回路的输入端,从而使控制信号与舵偏角一一对应。舵回路可用伺服系统理论来分析,其负载是舵面的惯量和作用在舵面上的气动力矩(铰链力矩)。

2)姿态控制回路

舵回路加上惯性测量单元 IMU 和飞行控制计算机就组成自动驾驶仪,并与飞机组成新回路——姿态控制回路,也称内回路,如图 4.9 所示中红色虚线框所示。该回路的主要功能是稳定飞机的姿态,或者说稳定飞机的角运动。由于该回路中包含了飞机,而飞机的动态特性又随飞行条件(如速度、高度等)而异,使稳定回路的分析变得较为复杂。

内回路的姿态控制策略一般有两种,第一种是直接对姿态角进行控制,第二种是将姿态角误差转化为期望的修正角速度,对实际角速度进行控制以达到跟踪期望角速度、消除姿态角误差的目的。由于角速度可构成更快回路,因此第二种策略具有更快的响应速度。

3)位置控制回路

姿态控制回路加上位置传感器以及运动学环节(表征飞机空间位置几何关系的环节)又组成一个更大的新回路——位置控制回路,也称外回路,如图 4.9 所示中最外面的实线框所示。在多旋翼无人机系统中,外回路和内回路具有直接的耦合关系。因此,外回路的控制原理与内回路基本一致。

下面,我们以四轴飞行器定点悬停的实现为例对外回路进行简要说明。我们将定点悬停分为两个阶段:高度保持和水平位置保持。

高度保持的控制思路与姿态角保持类似,即将期望高度与实际高度的误差乘以系数转化为期望的爬升率,该期望速度需要与使用气压计两次测量数据计算得到的实际爬升率相比较,然后使用 PID 控制策略,消除速度误差,进而消除期望高度与实际高度之间的误差,达到高度保持的控制目的。在有 GPS 支持的情况下,爬升率与 GPS 所测高度得到的爬升率进行融合,尤其在空旷地带,会得到更为准确的爬升率数据。

水平位置目前采用 GPS 测量数据,精度可达到 5 m 以内。期望的悬停位置与四轴当前位置的差值转化为期望的水平飞行速度,而该速度通过一定的策略转化为期望的俯仰/滚转角,实现按照期望的修正方向运动,减小定位误差,从而使得悬停时四轴的航向会基本保持不变。但在实际工作中,可能由于任务的要求,需要在定点悬停时改变航向,因此确认悬停点时会同时确认悬停的航向信息,之后,当航向发生改变时,飞控机能够根据当前航向与初始航向的偏差解算合适的俯仰/滚转角,从而得到准确的位置误差修正方向。

知识拓展

PID(Proportional-Integral-Derivative control)控制也称比例积分微分控制,释义为按偏差的比例、积分、微分控制。简单地说,就是依据给定值和实际输出值构成控制偏差,将偏差按比例、积分和微分通过线性组合构成控制量,对被控对象进行控制。所以,常规 PID 控制器是一种线性控制器。PID 控制是最早发展起来的控制策略之一,由于其算法简单、鲁棒性好和可靠性高,被广泛应用于工业过程控制,至今仍有 90% 左右的控制回路具有 PID 结构。

虽然现代控制理论发展日臻完善,人们通过科学研究获得了诸多具有优异控制效果的算法和理论,但在工程应用领域,基于经典 PID 的控制算法仍然是最简单、最有效的控制方案。

目前主流的几款开源飞控中,无一例外的都是采用 PID 控制算法来实现无人机的姿态和轨迹控制。

以多旋翼无人机为例,在没有控制系统的情况下,直接用信号驱动电机带动螺旋桨旋转产生控制力,会出现动态响应太快或太慢、控制过冲或不足的现象,多旋翼根本无法完成起飞和悬停等动作。为了解决这些问题,就需要在控制系统回路中加入 PID 控制算法,在姿态信息与螺旋桨转速之间建立起比例、积分和微分的关系,通过调节各个环节的参数大小,使多旋翼系统控制达到动态响应迅速,既不过冲、也不欠缺的现象。

(3)控制模式

对应于 3 种控制回路,多旋翼无人机的控制或称操纵有以下几种模式。

①纯手动模式:只有舵回路在工作,姿态回路和位置回路都不参与控制,也称舵面遥控,或者直接称为"飞航模"。

②姿态模式:在舵回路工作基础上,飞控内回路稳定姿态,外回路不参与控制,由操作手来影响姿态并进一步改变位置,也称增稳模式或姿态遥控。

③GPS 模式:在舵回路工作基础上,内回路稳定姿态,外回路稳定位置,航向和位置的改变则由操作手来完成,也称人工修正模式。

④自主飞行模式:在 GPS 模式基础上,外回路根据航点设置来控制飞行器的方向和位置,航线规划和航程点属性设置等由操作手通过地面站来完成,也称航线飞行模式,或直接称为超视距飞行。

4.1.5 典型开源飞控介绍

本书在多旋翼装调实训环节,选择的是大疆入门级的 NAZA-M Lite 商品控,为便于部分读者 DIY,这里有选择地介绍几款典型的开源飞控。

(1)MWC 飞控

MWC 是 MultiWii Copter 的缩写,它来源于法国的一个航模爱好者 Alex,他从任天堂游戏机手柄中拆卸出了陀螺仪和加速度计模块,然后装到自己制作的飞控板上,来控制自己的三轴飞行器。Alex 把自己的这个项目开源了,称为 MultiWii,也就是后来著名的 MWC 飞控。经过全世界各大高手的不断完善与发展,变成了一个具有优秀性能的飞控程序,可以轻易适配各种 DIY 的飞控硬件,至今仍有强大的生命力。

MWC 可支持的飞行模式有固定翼、直升机、四旋翼和其他多轴模式,目前,MWC 的硬件方案主要有基于 Arduino 的 Pro Mini、Pro Micro 与 Mega 等 3 种 AVR 平台,还可以支持

STM32,但 STM32 无法体现出任何性能与端口上的优势,所以还是以 AVR 为主。MWC 飞控如图 4.10 所示。

图 4.10　MWC 飞控外观

MWC 主要功能有以下几种(以 MWC MEGA-2.0 为例):

①8 路 PWM 输入。

②10 路 PWM 输出,主要用于电调的信号,所以最多支持十轴飞行器。

③二轴云台输出与快门舵机输出,这是用来控制云台和快门的接口。

④四路串口用于连接蓝牙适配器、OSD、GPS 和数传,这些用于飞行器的扩展功能。

⑤MPU6050,这里包含了三轴数字陀螺仪与三轴数字加速度计。

⑥高精度数字气压传感器,用于测量气压高度。

⑦三色状态指示 LED,用于反馈信息,各种不同的方式对应不同的模式或参数。

(2)APM 飞控

2007 年前后,美国《连线》杂志前主编克里斯·安德森在家 DIY 一个固定翼飞行器的时候建立了 diydrones 社区,在社区上认识了许多来自各国的同好,其中有一个 19 岁的墨西哥极客小伙 Jordi,高中毕业在家,自己制作了很多有趣的东西。安德森发现 Jordi 是一个很有想法且具有相当实力的人,于是 2009 年的时候安德森赞助了一笔钱,两个人一起创建了 3D Robotics(3DR)公司,公司就建立在墨西哥,初期主要由 Jordi 来运营。2010 年,3DR 公司发布了采用更强大的 mega2560 单片机的 APM 飞控,其软硬件全部开源,这款飞控得到了 diydrones 社区上众多高手的不断完善和改进,传感器种类越来越丰富且精度越来越高,最终成为目前最流行、功能最强大的开源飞控。APM 飞控基本外形及内部结构如图 4.11 所示。

图 4.11　APM 飞控基本外形及内部结构

1）主要特性（以 APM2.5 为例）

①免费开源固件，支持固定翼、多旋翼（4、6、8、10 轴等）、直升机和地面车辆模式。

②Arduino 开源编译环境。

③完全可视化操作的任务规划软件（含中文和其他多国语言）。

④可支持上百个三维航点。

⑤使用强大的 MAVLink 协议，支持双向遥测站。

⑥多种免费地面站，包括 APM PLANNER 和 HK HCS。

⑦跨平台，支持 Windows、Mac 甚至手机 Android 系统，还支持 Linux。在 Windows 下的图形任务规划设定工具（苹果系统可以使用模拟器）Arduino 的编程环境，也是完全跨系统的。

⑧可实现自动起飞、降落、航点、航向飞行和返航等多种自驾仪特性。

⑨完整支持 Xplane 和飞行半硬件仿真（HIL）。

2）硬件组成

①三轴陀螺仪 MPU6000。

②三轴加速度计 MPU6000。

③测量高度的高精度数字空气压力传感器 MS-5611。

④10 Hz 的 GPS 模拟 MTK3329。

⑤16 MB 板上数据记录存储器，支持 TF 卡扩展。任务数据自动记录，并可以导出为 KML 的格式文件。

⑥三轴磁力计。

⑦OSD 视频叠加硬件，实现回传实时图像、姿态、模式和位置等重要信息。

⑧其他可选传感器包括空速传感器、电流传感器、超声波传感器、光流定点传感器和更多的 12C PIS 设备等。

（3）PX4 和 PIXHawk

PX4 是一个软硬件开源项目，目的在于为学术、爱好和工业团体提供一款低成本、高性能的高端自驾仪，如图 4.12 所示。这个项目源于苏黎世联邦理工大学的计算机视觉与几何实验室、自主系统实验室和自动控制实验室的 PIXHawk 项目。PX4PMU 自驾仪模块运行高效的实时操作系统（RTOS），Nuttx 提供可移植操作系统接口（POSIX）类型的环境。例如:printf( )、pthreads、/dev/ttyS1、open( )、write( )、poil( )、ioetl( )等,软件可以使用 USB bootloader 更新。PX4 通过 MAVLink 同地面站通信,兼容的地面站有 QGroundControl 和 Mission Planner,软件全部开源且遵守 BSD 协议。

2014 年,3DR 公司联合 APM 小组和 PX4 小组联合推出 PX4 的升级版本——PIXHawk 飞控,拥有 PX4 和 APM 两套固件和相应的地面站软件,比较详细的硬件组成如图 4.13 所示。该飞控是目前全世界飞控产品中硬件规格最高的产品,也

图 4.12　PX4 飞控板

是当前爱好者手中最炙手可热的产品。PIXHawk 拥有 168 MHz 的运算频率,并突破性地采用了整合硬件浮点运算核心的 Cortex-M4 的单片机作为主控芯片,内置两套 MEMS 陀螺和加速度计,互为补充矫正;内置一个并可外接一个三轴磁力计,同时可外接一主一副两个 GPS 传感器,便于在出现故障时自动切换。

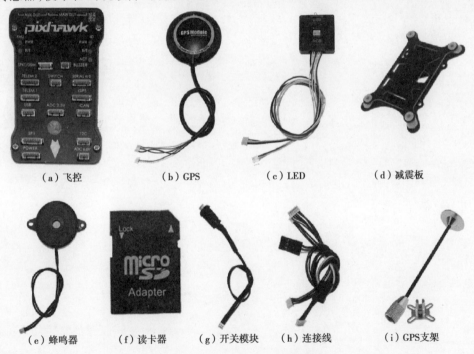

（a）飞控　　（b）GPS　　（c）LED　　（d）减震板

（e）蜂鸣器　　（f）读卡器　　（g）开关模块　　（h）连接线　　（i）GPS支架

图 4.13　PIXHawk 飞控硬件构成

基于其高速运算核心和浮点算法,PIXHawk 使用最先进的定高算法,可以仅凭气压高度计便将飞行器高度固定在 1 m 以内,它支持目前几乎所有的多旋翼类型,甚至包括三旋翼和 H4 这样结构不规则的产品。它使飞行器拥有多种飞行模式,支持全自主航线、关键点围绕、鼠标引导、FollowMe、对尾飞行等高级的飞行模式,并能够完成自主调参。PIXHawk 飞控的开放性非常好,几百项参数全部开放给玩家调整,靠基础模式简单调试后即可飞行。

延伸阅读一　如何判断一款飞控性能的好坏？

衡量飞控"好坏"主要考虑4个方面的因素：适配、稳定、功能、服务。

1）适配

目前众多无人机厂商中拥有自己核心飞控技术的较少，多数厂家走了一条设计、研发、生产机体，采购成熟飞控，最后开拓市场渠道的道路，这有利于公司的快速起步并且占领市场制高点。然而，不同厂商的设计思路不同、针对用户不同、适应场景不同，造成飞行器机体千差万别。从单旋翼到多旋翼、从四轴到八轴、从开放式到函道式、从油动到电动，如果选择一款飞控不仅能够快速适配自己公司的大部分飞机，还能保证飞得又稳又好，那就可以大大提高研发效率，减少维护成本。

2）稳定

飞行稳定是一款好飞控的标配。判断一款飞控是否稳定，可以利用"三看"诀窍：一看公司产能，年产至少达到1 000套以上的，其各类工艺流程、质量管理、测试体系必然要正规、合格、健全得多；二看器件筛选，工业级以上的产品尤其是需要"归零"管理的产品器件筛选非常重要，需要考察公司在器件筛选的流程、筛选率等，确定基础器件的稳定；三看测试环境，飞控产品属于"零容忍"故障产品，至少需要经历模块级测试、产品级测试、系统级测试。虽然产品形态是飞控，但必须要经过整机安装后的飞行测试再拆装复原才能出厂。

3）功能

不得不承认，现在的飞控还不成熟，炸机率普遍处于3%～20%的较高水平，但这并不能阻止我们对功能的不懈追求。一般来讲，开源飞控由于丰富的生态，对于外在功能性需求响应较快；而自研飞控对于功能性定制更深入，对于系统性功能需求的开发周期更短。目前飞控除了基本飞行功能外，应用正热的拓展功能主要包括：

①高精度定位及控制，也就是我们俗称的差分GPS。②地势变化的自动跟踪，主要用在农田喷洒。

③自动避障功能，可以保证飞行过程中不对飞行器造成伤害；

④飞行规划定制，客户可以在使用过程中定义A—B点飞行、指定区域覆盖飞行、飞行任务中断续飞等。

⑤手持终端任务规划与监控，通过手机、PAD、笔记本等设备下达飞行任务并实时监控任务。

⑥远程监控及分析，通过移动运营商网络在远程异地对飞行过程进行监控并分析运行状态及故障。

4）服务

优质的技术支持服务对于整机厂商越发重要。售后服务和技术支持也是一个特别重要的因素，尤其是对B端的客户。以农业植保应用为例，农田施药的作业季在3—10月，而旺季主要集中在5—8月，需要高强度、大负荷、不间断作业，在温差大、湿度大、环境复杂的农田出现各类故障在所难免。优质的服务需要7×24小时提供不间断技术支持、配件更新、调试指导，才能让使用者最大限度地减小损失、获取效益，而且这些专业的服务目前只有飞控生产厂商才能做得最好。

延伸阅读二 飞控未来的发展

从目前的现状来看将来的发展,飞控技术的复杂程度由易到难基本可分为3个层次:飞行、感知、交互。

1)飞行

在了解无人机自身状态进行稳定控制的基础上,地面操纵人员可以通过遥控、移动端设置路线或远程指令完成预定航线的自动飞行,这是飞行控制的入门阶段,练好这一级可以完成一些基本的任务,比如空旷区域的远程侦察。这一层级可以说现阶段已经十分成熟了。

2)感知

感知层次是指无人机不仅了解自身状态,对外界环境也要通过传感器了如指掌。感知通过传感器选型、数字滤波、多传感器数据融合、基于感知的路径规划等技术,让无人机在复杂环境中完成任务且飞行自如。目前,应用在农业、物流、巡检、航测等复杂环境和行业领域的无人机,已经多角度地在探索感知技术,如规避建筑物、自动寻找合适降落地点等,并获得了良好效果。

3)交互

今天的无人机,其技术状态类似几十年前的地面机器人,可以稳定行走(飞行),可以越过一些简单的障碍物,可以把拍摄的场景记录下来。而今天的地面机器人,其能力不仅会"行走"和"感知",复杂"交互"的能力让它们对完成诸如拆弹、换电瓶,甚至与人类下棋这样的工作都游刃有余。无人机为什么不能"交互"呢?为什么不能空中进行危险品的采样、输电线路损坏器件的维修更换、货物的自动抓取与运输?可以预见,在不远的将来,具备"交互"能力的无人机将会使我们耳目一新。

当然,在这之前,我们还有很多工作要做。比如针对应用场景的环境变量、复杂程度、精度要求、响应时间等,进行激光、声纳、雷达等新型感知传感器的硬件选型和组合,流媒体、离散矩阵等结构化和非结构化数据归拢与深度融合,以及根据飞行器的运动学和动力学特性进行任务、路径的重规划等。

任务4.2 NAZA-M Lite 飞控安装

NAZA-M Lite
飞控安装

4.2.1 设备清点

(1)设备名称及数量

①大疆 NAZA-M Lite 飞控系统的具体设备包括:主控器(MC)一个、电源管理模块(PMU)一块、GPS 及支架一套、LED 指示灯一个,实物图及各部件作用参见项目1中图1.35 及相关描述。

②天地飞9遥控器及配套接收机一个。

（2）特性描述

为便于 NAZA-M Lite 飞控在其他飞行器上的应用,这里我们对其特性予以介绍。

1）All In One 设计

NAZA-M Lite 是 NAZA-M 的简化版,是专门针对入门级爱好者设计的,延续了 NAZA-M 的高可靠性和稳定性。创新的 All In One 设计理念,将内减震设计、控制器、3 轴陀螺仪、3 轴加速度计和气压计等传感器集成在一个更轻更小巧的控制模块中,用于识别高度和姿态,从优实现锁定高度和平衡姿态等飞行控制功能。具备简易安装、空间节减、质量缩减的显著特点。

2）先进的姿态稳定算法

不仅继承了 DJI 传统产品优异的飞行安定性能,更具备操作更加灵活和稳定的特点,可以享受更加愉悦的飞行乐趣。

3）多种飞行控制模式智能切换

用户可以在 GPS 模式（安装有 GPS 模块的情况下）、姿态模式和手动模式 3 种模式间自由快速切换,以适应各种飞行环境。系统也会判断飞行环境的变化,做出智能的飞行模式切换。

4）GPS 模块扩展

即插即用的 GPS 模块,提供精准定位、自动返航、智能方向控制等功能。在 GPS 模式下,可以锁定经纬度和稳定悬停,哪怕在风力较大的情况下,也同样可以在很小的范围内稳定悬停,精度可以达到水平≤2.5 m,高度≤0.8 m。

5）智能方向控制

在通常飞行过程中,飞行器的飞行前向始终和飞行器的机头朝向一致,启用智能方向控制后,在飞行过程中,飞行器的飞行前向和飞行器的机头朝向无关。在使用航向锁定时,飞行前向和主控记录的某一时刻的机头朝向一致；在使用返航点锁定时,飞行前向为返航点到飞行器的方向。

6）失控保护模式

在配套遥控器支持失控保护时,可以在 U 通道设置失控保护功能。NAZA 控制器会内建自动平衡的失控保护功能,即当主控和遥控器失去联系时,主控会将所有命令杆输出回中。当然,如果遥控器简单到只有 4 个通道时,那么主控将默认工作在姿态模式下,且没有失控保护功能。

7）低电压保护

为了避免电池电压过低而造成"炸"机等严重后果,NAZA 飞控设计了两级低电压保护措施。所有两级保护都默认有 LED 闪灯警示,两级保护都是高频闪红灯,手动模式下开启低电压保护时,只有 LED 报警,无任何自动动作。

8）普通接收机、PPM 接收机及 D—BUS 支持

四通道及以上的接收机均可支持,也能支持 PPM 和 Futaba 的 S—Bus 接收机。PPM 或 S—Bus 接收机（目前一般使用 S—Bus 接收机的前 8 个通道）优化了通道连接,将 A、E、T、R、U

这 5 个通道的功能集合在 X2 一个通道里,仅使用一根舵机线连接即可,安装起来方便快捷,也不容易出错。

9)支持的多旋翼类型

一共支持 6 种不同的多旋机型,满足不同爱好者的需要。包括四旋翼"+"型和"X"型、六旋翼"+"型、"X"型、"IY"型(三轴)和"Y"型(三轴)。

10)云台增稳和远程调参

支持两轴云台(俯仰和横滚)增稳,根据飞机姿态自动补偿云台角度,大大提高了航拍的稳定度。同时,系统设置的默认参数已经能实现正常飞行,还支持远程调参,可在飞行过程中通过遥控器旋钮进行实时调整飞行参数,以获得良好的飞行表现。

(3)设备连接图示

飞控安装过程涉及飞控与电调、电源模块、LED 指示灯、GPS 磁罗盘以及遥控接收机等设备之间的接线关系。这里,我们直接选用大疆 NAZA-M Lite 飞控的安装接线总图,如图 4.14 所示。该图是 NAZA-M Lite 飞控安装接线的唯一依据,其重要性不言而喻。

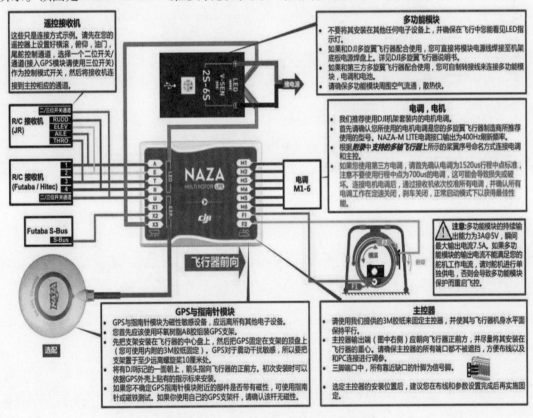

图 4.14　NAZA-M Lite 飞控安装接线总图

4.2.2　工具及耗材准备

（1）工具

1）电烙铁及托架

用于电源模块与下底板的焊接。

2）内六角扳手套件

用于 GPS 天线与上底板之间连接时的螺丝紧固，可用同类内六角起子代替。

3）其他辅助工具

电吹风、水口钳或斜口钳、剥线钳、剪刀、美工刀等。

（2）耗材

1）3M 胶纸

用于主控、电源模块、GPS 模块、LED 灯和接收机等设备与底板或机臂间的粘接与坚固。

2）3P 舵机线

用于接收机与飞控间的数据通信，共 8 根，F450 需要 5 根。

3）尼龙扎带

用于捆扎电调、电线等，保证设备安装紧固，走线规范美观。

4）焊锡和松香

配合电烙铁使用。

5）502 胶水

用于组装 GPS 碳杆支架。

4.2.3　操作实施

（1）步骤一：阅读安全注意事项

为保证操作安全，必须养成良好操作规范，结合 F450 飞控安装操作，将多旋翼无人机组装、调试和飞行过程中的安全注意事项进行集中说明，希望得到高度重视。本注意事项虽然来自大疆 NAZA-M Lite 飞控用户手册，但对其他多旋翼装调和飞行同样适用。

①大于 650 mm 轴距或者大负载的机架上，不建议使用 NAZA-M Lite 飞控。

②安装飞行器时，请确保飞行器重心在机架中心，有负载的在机架中心的垂直方向上。

③安装主控时,尽量安装在靠近中心位置,确保主控印有标记的一面朝上,并使其与机身水平面保持平行,否则会导致飞行器水平方向飘移。

④主控安装有方向要求,务必使电调输出端口的朝向与飞行器机头方向一致。

⑤在固件升级、调试过程中,请断开电调与电池的连接或卸下所有螺旋桨。

⑥更换遥控系统后一定要重启主控并重新校准遥控器。

⑦在调参软件的遥控器校准中:

a. 油门:滑块向左减小油门,滑块向右增大油门;

b. 尾舵:滑块向左机头向左,滑块向右机头向右;

c. 俯仰:滑块向左飞行器向后,滑块向右飞行器向前;

d. 横滚:滑块向左飞行器向左,滑块向右飞行器向右。

⑧飞行时切记先打开遥控器,然后再给飞机加电;着陆后先给飞机断电,再关闭遥控器。

⑨调参软件中的云台控制不管是否开启,F1 和 F2 端口都有输出。此时请不要将这些端口与带有桨翼的电机电调连接。

⑩切勿将油门的失控保护位置设置在 10% 满量程以下。

⑪在飞行过程中油门杆量须始终距熄火位置 10% 满量程以上。

⑫低电压保护的目的不是娱乐,在任何一种保护情况下,你都应该尽快降落飞行器,以避免坠机等严重后果。

⑬在立即停止电机模式下,无论在何种控制模式中,只要电机启动后,油门杆就会超过 10%,当油门杆再次低于 10% 时,电机将立即停转。在电机停转后,如果在 5 s 内紧接着推油至 10% 以上,电机会重启,而无须执行掰杆动作重启电机。如果电机启动后 3 s 内没有推油至 10% 以上,电机将自动停转。

⑭在智能停止电机模式下,执行掰杆动作会导致电机的启动或停止。任何控制模式下的正常飞行过程中,将油门拉至 10% 以下不会导致电机停转。如果在飞行过程中飞行器电机停转后要重新启动电机,须执行 4 种掰杆动作中的任何一种。

⑮当红灯快闪时,表示电池电压过低,请立即降落。

⑯在系统初始化和自检查过程中请不要拨动任何摇杆。如果最后四次绿灯闪灯异常,请联系飞控服务商。

⑰GPS 与指南针模块为磁性敏感设备,应远离所有其他电子设备。

⑱如果 GPS 信号不好(有红灯闪烁),请不要使用 GPS 模式飞行。

⑲GPS 模块为选配模块(非标配),请选用此模块的用户关注说明书中涉及 GPS 的内容,未选用此模块的用户请忽略 GPS 控制模式下的相关内容。

⑳用户未连接 GPS 模块,但控制模式切换中设置了 GPS 模式,则飞行过程中选择 GPS 模式时将自动切换为姿态模式,并且 LED 指示灯为姿态模式闪灯。

㉑GPS 的失控保护状态下,飞行器下降着地后将自动熄火;未接入 GPS 时,飞行器下降着地后将不会自动熄火。

㉒强烈建议将接收机安装到机身板下面,天线朝下且无遮挡,以避免无线信号因遮挡丢失,而造成失控。

㉓飞行前请检查所有连线正确,并且确保连线接触良好。

㉔使用无线视频设备时,安装位置请尽量远离主控系统(>25 cm),以避免天线对主控器造成干扰。

㉕如果你使用云台,请确保云台舵机的工作电流不会超过多功能模块的供电能力,否则会触发多功能模块保护而重启飞控。

（2）步骤二:安装电源模块

①请将在任务 3.2 中安装好的机架上底板卸下,以便于后续操作。

②将电源模块的两根电源线(红正黑负)焊接在下底板的主电源连接触点处,焊接方法及工艺要求参照任务 3.2。

③剪一块 3M 胶(大小不超过电源模块为宜),将电源模块黏紧在下底板前侧外端(机头方向),正面朝上,如图 4.15 所示。

图 4.15　安装电源模块

④根据图 4.14,将电源管理模块的信号线一端(JST 插头)接到主控器 X3 接口位置处,如图 4.15 所示。

（3）步骤三:安装接收机

①根据图 4.14,取 5 根 3P 舵机线,将天地飞接收机 1～5 端口与主控器 A、E、T、R、U 端口正确连接,切记一一对应,如图 4.16 所示。

②剪一块 3M 胶(大小不超过接收机尺寸),将接收机黏紧在下底板后侧外端(机尾方向),如图 4.16 所示。

图 4.16　安装接收机

（4）步骤四:连接电调线

将 F450 上 M1 ~ M4 共 4 个电调上的信号线连接到主控器 M1 ~ M4 端口,同样要注意对应关系,切勿接错,如图 4.17 所示。

图 4.17　电调与飞控连接

（5）步骤五:安装 LED 指示灯

①取出 LED 指示灯模块,用 3M 胶纸将 LED 指示灯黏紧在下底板下方机尾方向处(或机尾 M3 机臂上),这样正朝向飞行时可以很好地观察飞行器的当前状态,如图 4.18 所示。
②将指示灯上的信号线接入主控上 LED 端口。

图 4.18 安装 LED 指示灯

（6）步骤六:安装 GPS 天线

首先要提醒的是:GPS 指南针模块为磁性敏感设备,应远离所有磁性电子设备,避免装调和飞行中的干扰。

①用 502 胶水将 GPS 支撑碳杆粘接到支架座中,放一旁自然风干。

②将 GPS 信号线接到飞控 EXP.端口处。

③将粘接好的 GPS 支撑杆及底座安装在上中心板 M4 机臂螺丝孔上。提示:本操作可在完成上中心板安装后再进行,避免妨碍后续步骤。

④用 3M 胶纸把 GPS 固定在支架的顶盘上,GPS 盖上标注的箭头指向与飞机机头为同一方向。注意:支架应尽量远离螺旋桨。

安装完成后的 GPS 天线如图 4.19 所示。

图 4.19 GPS 安装完成后图示

（7）步骤七:安装主控

①找到在任务 3.2 中标记的主控安装位置,即下底板的正中心。

②摆正主控,让主控上标记的三角箭头方向与飞机机头朝向保持一致。此时,主控上的电调输出端应朝向飞机正前方,如图 4.17 所示。

③剪一块 3M 胶纸（大小不超过主控尺寸）,将主控粘接并固紧在标记的安装位置,并尽量与飞行器机身水平面保持平行。

④对照图 4.14,再次检查各连接是否正确,同时确保各接线牢靠。检查完成后将各舵机线用扎带归类扎好。

⑤再次安装上底板。

至此,飞控系统安装完毕,完成后的 F450 如图 4.20 所示。

图 4.20　飞控系统安装完成后的 F450

项目小结

①和飞控子系统一样,导航子系统和链路子系统也是无人机系统非常重要的子系统。由于多旋翼无人机在结构上相对简单,我们没有用专门的篇幅介绍导航系统和链路系统,但不表明这两个系统可有可无。事实上,基于 MEMS 技术的陀螺仪、加速度计和磁力计等也是微型惯性导航系统的重要组成部分,没有导航功能的无人机是不可能执行航线飞行任务的。而对于链路系统,我们将结合地面站课程教学内容另行编写教材予以描述。

②飞控子系统是无人机系统中的核心子系统,其基本组成包括传感器系统(机载测量装置)、飞控机(放大解算装置)和执行机构(多旋翼中指电调和电机)。飞控系统有两种工作状态:稳定态和控制态;而控制的对象则是飞行姿态和飞行轨迹。所以,飞控的核心功能是对无人机姿态和轨迹的稳定和控制。

③飞控机是飞控系统的核心部件,对飞控机的功能开发是长期的研究热点。鼓励大家多多研究一些典型的开源飞控,在此基础上实现进一步的开发和应用。

④在 F450 的组装过程中,图 4.14 非常重要,请务必牢记飞控各部件之间的接线关系,避免因接线错误导致调试时损坏设备或飞行中出现安全事故。

习　题

一、选择题(概念记忆)

1. 多轴飞行器的飞控指的是(　　　)。

A. 机载导航飞控系统　　　　B. 机载遥控接收机　　　　C. 机载任务系统

2. 多轴的飞控尽量安装在重心位置(　　)。

A. 上　　　　　　　　　　B. 中　　　　　　　　　　C. 下

3. 对于多轴航拍飞行器云台说法正确的是(　　)。

A. 云台保证无人机在云层上飞行的安全

B. 云台是航拍设备的增稳和操纵装置

C. 云台的效果与传统舵机一样

4. 多轴飞行器上电信号传播顺序是(　　)。

A. 飞控—机载遥控接收机—电机—电调

B. 机载遥控接收机—飞控—电调—电机

C. 飞控—电调—机载遥控接收机—电机

5. 在高海拔地区、寒冷地区、空气稀薄区,如果飞行负载不变,飞行状态会(　　)。

A. 功率损耗增大,飞行时间减少

B. 最大起飞质量增加

C. 飞行时间变长

6. 多轴飞行器飞行时,使用哪种模式,驾驶员的飞行压力最大(　　)。

A. GPS 模式　　　　　　B. 姿态增稳模式　　　　　C. 纯手动模式

7. GPS 卫星多少颗才能正常起飞(　　)。

A. 2~3 颗　　　　　　　B. 4~5 颗　　　　　　　　C. 6~7 颗

8. 多轴飞行器控制电机转速的设备为(　　)。

A. 电源　　　　　　　　B. 电调　　　　　　　　　C. 飞控

9. 大多数多轴飞行器自主飞行过程利用(　　)实现速度感知。

A. GPS　　　　　　　　B. 空速管　　　　　　　　C. 惯导

10. 大多数多轴飞行器自主飞行过程利用(　　)进行高度感知。

A. 气压高度计　　　　　B. GPS　　　　　　　　　C. 超声波高度计

11. 大多数多轴飞行器自主飞行过程利用(　　)实现位置感知。

A. 平台惯导　　　　　　B. 捷联惯导　　　　　　　C. GPS

12. 多轴飞行器飞控板上,一般会安装(　　)。

A. 1 个角速率陀螺　　　B. 3 个角速率陀螺　　　　C. 6 个角速率陀螺

13. 关于多轴飞行器使用的动力电机 KV 值描述正确的是(　　)。

A. 外加 1 V 电压对应的每分钟负载转速

B. 外加 1 V 电压对应的每分钟空载转速

C. 额定电压值时电机每分钟空载转速

14. 多轴飞行器上的链路天线应尽量(　　)飞控和 GPS 天线安装。

A. 贴合　　　　　　　　B. 靠近　　　　　　　　　C. 远离

15. 多轴无人机,电调上较细的白红黑 3 色排线,也称为杜邦线,用来连接(　　)。

A. 电机　　　　　　　　B. 机载遥控接收机　　　　C. 飞控

16. 多轴飞行器飞控计算机的功能不包括(　　)。

A. 稳定飞行器姿态　　　B. 接收地面控制信号　　　C. 导航

17. 当多轴飞行器地面站出现电压过低报警时,第一时刻采取的措施不包括(　　)。

A.迅速将油门收到0　　　　B.一键返航

C.控制姿态,逐渐降低高度,迫降至地面

18. 多轴飞行器飞控软件使用中要特别注意的事项,不包括(　　)。

A.版本　　　　　　　　B.文件大小　　　　　　C.各通道正反逻辑设置

19. 多轴飞行器中的GPS天线应尽量安装在(　　)。

A.飞行器顶部　　　　　　B.飞行器中心　　　　　C.飞行器尾部

20. 目前多轴飞行器飞控市场上的KK飞控具有的优点是(　　)。

A.功能强大,可实现全自主飞行

B.价格便宜,硬件结构简单

C.配有地面站软件,代码开源

21. 目前多轴飞行器飞控市场上的APM飞控特点是(　　)。

A.可以用于各种特种飞行器

B.基于Android开发

C.配有地面站软件,代码开源

22. 目前多轴飞行器飞控市场上的MWC飞控特点是(　　)。

A.可以用于各种特种飞行器

B.基于Android开发

C.配有地面站软件,代码开源

23. 目前多轴旋翼飞行器飞控市场上的DJI NAZA飞控特点是(　　)。

A.可以用于各种特种飞行器

B.稳定,商业软件,代码不开源

C.配有地面站软件,代码开源

24. 为了克服"旋翼"旋转产生的反作用(　　),常见做法是用另一个小型旋翼,即尾桨,在机身尾部产生抵消反向运动的力矩。

A.力　　　　　　　　　B.力矩　　　　　　　　C.扭矩

二、简答题(知识点理解)

1. 简述飞控子系统和飞控机的主要功能。

2. 阐述飞控子系统的组成及各部分功能。

3. 研讨:国内民用无人机飞控系统的发展及开源飞控的含义。

4. 上网查资料,总结GPS系统的基本组成及各部分功能。

5. 抄写飞控装调及飞行注意事项,并逐条背诵。

三、操作题:完成下述表格(实训跟踪)

F450 飞控系统组装操作训练与考核自我评价						
设备编号		操作日期		小组编号		
小组成员				操作者姓名		
开始时间		结束时间		考核评分		
实训内容与评分标准						
序号	项目	内容	分值	扣分标准		得分
1	操作前准备	着装统一	10	不统一,扣1分		
		队列规范		不规范,扣1分		
		设备、工具、耗材准备		准备不到位,扣2分		
		外观检查		检查不到位,扣2分		
		操作前安全检查		未检查,扣2分		
2	飞控系统组装操作过程	安装电源模块	60	操作内容生疏最少扣5分		
		安装接收机				
		连接电调线		操作方法错误最少扣10分		
		安装 LED 灯				
		安装 GPS 天线		操作不规范最少扣3分		
		主控安装				
3	背诵飞控装调及飞行注意事项	共25点注意事项,要求至少记住20条以上	10	少一条扣0.5分		
4	操作安全	人身安全	10	损坏工具最少扣3分,损坏设备最少扣5分,出现较严重安全事故终止操作,总评定为不及格		
		训练设备无损坏				
		工具使用规范				
5	操作后整理	操作台面清理	5	未清理,扣2分		
		训练设备与工具整理		整理不到位,扣1~3分		
6	操作时间	正常完成时间为45 min	5	超1 min 扣0.5分扣完为止		
说明	"操作过程"是指按教材中的"操作步骤"正确完成实训内容;扣分时标准分扣完为止					

项目 5　全系统联合调试

导学

前面对多旋翼无人机及其分系统的结构组成以及各部件的功能进行全系统的学习,在此基础上,以 F450 四轴飞行器为训练设备进行了模块化组装,落实了理论对实践的指导作用。

已经详细地为 F450 组装了骨骼(机架),安装了心脏和手脚(电动动力系统),植入了一个超强大脑——大疆 NAZA-M Lite 飞控。本项目将通过全系统综合调试环节,为飞行器注入思维能力,让它听话并执行我们所要求的动作。一句话,就是让 F450 能够安全顺利地飞起来。如果说前面的组装操作只是一种体力活的话,那么本项目中的调试工作则更多地带有脑力劳动的属性。因此,"先思考再去做"是必须养成的学习习惯,毕竟稍有疏忽就会酿成大错,甚至会出现安全事故。

虽然我们仅以 F450 的全系统联合调试为主要工作内容,但多旋翼无人机系统的组装和调试流程是基本类似的,不同之处可能只是一些具体型号设备的使用细节。所以,我们有理由相信,认真细致地完成本项目的所有实训环节,会对其他多旋翼无人机的装调及飞行实施带来积极而具体的指导意义。

训练目标

知识目标
①给出遥控器,能够说出其面板与菜单功能;
②给出接收机,能够说出其通道配置、模式设置与遥控通讯相关知识;
给出飞控调参软件,能够说出其界面与功能;
④给出 F450 整机,能够说出无桨调试的流程与注意事项;
⑤在外场环境下,能够说出磁罗盘校准的目的、时机、步骤与注意事项;
⑥在外场环境下,能够说出系留首飞与飞行整体测试的内容;
⑦了解多旋翼无人机 DIY 相关知识。

能力目标
①阅读遥控器使用说明书,能够正确设置多旋翼飞行相关参数;
②正确进行遥控器对码;
③正确进行飞控调参软件与驱动安装;
④正确进行 NAZA-M Lite 飞控参数设置与遥控器校准;
⑤正确进行磁罗盘校准;
⑥正确进行飞行前检查;
⑦正确进行飞行整体测试;

⑧具备多旋翼无人机 DIY 能力。

素质目标

①养成严谨的无人机装调工作作风；

②养成按章办事、精益求精的工匠精神；

③养成设备专业实训室 6S 管理的良好工作习惯；

④形成严格的安全操作意识。

任务 5.1　遥控器设置

乐迪 AT9SPro
遥控器设置

遥控器和遥控接收机是无人机通信链路的重要组成部分,它负责将地面操控人员的控制指令传送到机载飞控上,以便飞控按照指令执行。视距内飞行时,手中的"控"几乎就是操纵无人机的唯一依靠。

遥控器种类繁多,型号各异。现代的遥控器功能越来越强大,同一个遥控器不但可以支持多种机型,而且可更改许多控制参数,因此新买的遥控器默认出厂设置未必适合无人机使用,我们需要对遥控器进行一系列调试和设置,才能使遥控器发挥更多的作用和更好的操控无人机。目前,市面上常见的遥控器品牌有 Futaba、天地飞、乐迪和富斯等。本书如无特殊说明,将以天地飞 9 通道遥控器及其配套接收机为实训设备,阐释该型遥控器操纵 F450 四轴飞行器的具体方法。对其他遥控器的学习和使用,可以在熟练使用天地飞 9 的基础上,结合具体使用说明书类比进行。

5.1.1　设备清点

(1)设备名称及数量

①已按前述各任务要求组装完成的 F450 四轴飞行器一套。

②天地飞 9 遥控器配套接收机一套。

(2)天地飞 9 特性描述

1)基本概念

RC(Radio Control)遥控设备分为手里的遥控发射机和天上的接收机两部分,通常需正确对频后才能使用。

①遥控发射机。遥控发射机就是人们所说的遥控器或直接简说为"控"。其外部一般会长有一根天线,遥控指令都是通过机壳表面的杆、开关和按钮,经过内部电路的调制、编码,再通过信号放大电路由天线将含有指令信号的电磁波发射出去供机载接收机接收的。

遥控器应该都有若干个通道,每个通道可以理解为对飞行器某个动作的控制,或者说每个动作对应一个通道。这个动作可以是模拟量也就是连续性动作,比如右手杆左右控制横滚;也可以是开关量,比如定高、一键返航等。由于多旋翼无人机的基本动作有升降运动、前后运动、侧向运动和偏航运动等 4 种,所以其遥控器最低要求有 4 个比例通道,当然,实际还需要预留一些额外通道控制其他部件或状态,如控制模式选择、云台控制等。

②遥控接收机。遥控接收机是安装在飞行器上用来接收无线电信号的。它会处理来自遥控发射机的无线电信号,并将这些信号进行放大、整形、解码,经飞控转换成(或直接)舵机或电调可以识别的数字脉冲信号,让舵机或电调这些执行机构来完成所发出的动作指令。由于多旋翼无人机对质量的要求较为苛刻,一般都会选择很轻巧的接收机,形状大小如火柴盒,质量仅几十克,还有几克重的,但基本上都具有很高的灵敏度。

2)天地飞 9 遥控器特性

天地飞遥控器是国产遥控器中的知名品牌之一,多种遥控设备已形成系列化。其中,天地飞 9 通道遥控器一经推出便获得业界广泛认可。其外形如图 5.1 所示,功能特性描述如下:

①发射机型号为 WFT09,意指多功能 9 通道发射机;

②大型醒目的液晶显示屏,操作方便的输入键,使资料输入更为简单、方便;

③设计独特的外部天线,天线可调整角度,有利于与接收机保持相对的稳定,不用时可直接收入机内;

④操纵杆的松紧、杆头的长度均可自由调节,新形状的杆头具有良好的手感;

⑤微调装置为数位调整系统,还可以设定微调的步幅;

⑥配备高频头,频率的变更可由交换高频头和晶体来实现;

图 5.1　天地飞 9 遥控器外形

⑦有数据传输、教练和模拟等接口,教练功能为标准配备功能;

⑧设计有各种计时器,便于对飞行时间的有效把握;

⑨可切换成 PCM、PPM 或 PCMS 1024 等各种制式;

⑩配备多组混控系统,可调设 10 个点的曲线;

⑪开关/旋钮功能可自由设定,第 5 ~ 9 通道的功能也可单独设定。采用混合程序设计,除了既定混用之外,原创的也可设定;

⑫可存储 15 级模型参数;

⑬配套的 WFR09S 型 2.4 GHz 双核、双天线、双路接收机(即内含两套能独立工作的接收机),具备 PCMS 4096 分辨率,兼容 PPM 和 PCMS 1024 制式,且有失控保护功能。该型号接收机具有可有效选择最佳信号、增加可靠性、提高响应速度、增强抗干扰性和增加使用距离等优点。

知识拓展

一般情况下,遥控器均使用 2.4 GHz 频段,但这里的 2.4 GHz 指的是一个频段,而不是指频率为 2.4 GHz。我国工业和信息化在 2015 年 3 月发出通知,规划 840.5 ~ 845 MHz、1 430 ~ 1 444 MHz 和 2 408 ~ 2 440 MHz 频段用于无人机驾驶航空器系统。其中:

840.5 ~ 845 MHz 频段可用于无人驾驶航空器系统的上行遥控链路,或通过采用时分方式用于上行遥控和下行遥测链路；

1 430 ~ 1 444 MHz 频段可用于无人驾驶航空器系统的下行遥测与信息传输链路,其中 1 430 ~ 1 438 MHz 频段用于警用无人驾驶航空器的直升机视频传输,其他无人驾驶航空器使 用 1 439 ~ 1 444 MHz。

2 408 ~ 2 440 MHz 频段可作为无人驾驶航空系统的上行遥控、下行遥测与信息传输链路 的备份频段。相关无线电台站在该频段工作时不得对其他合法无线电业务造成影响,也不能 寻求无线电干扰保护。

3)面板使用

天地飞9遥控器正面面板、按键、旋钮、开关等如图5.2所示,背面只有高频头、数据传 输/教练/模拟接口和电池仓等,可依据遥控器实物予以识别。面板及各种旋钮、开关的具体 使用有待我们在后面的具体操作中不断熟悉,这里主要介绍对液晶显示屏输入方法及各按键 功能,如图5.3所示。

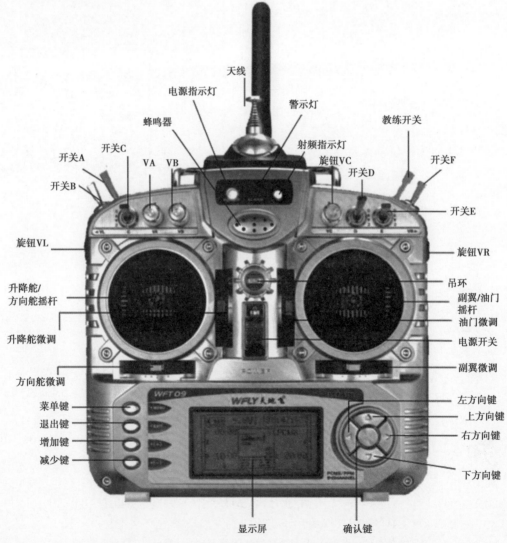

图5.2　天地飞9遥控器正面各面板、按键、旋钮和开关说明

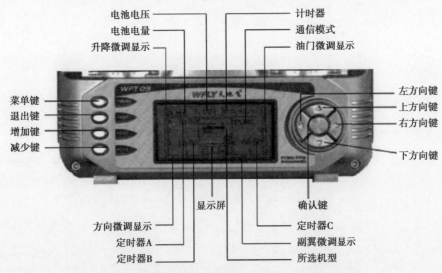

图 5.3　天地飞 9 遥控器液晶显示屏输入法及按键功能

①显示屏初始界面。

初始界面是遥控器操控无人机时 LCD 正常显示的主界面,其中显示内容包括:

a. 电量/电压:电量不足或电压过低时,遥控器会嗡鸣报警;

b. 计时器:可分别设定 3 组计时器,用以对操控的不同阶段进行计时并报时;

c. 机型显示:根据目前所选择设定的机型,分别显示出直升机、固定翼和滑翔机 3 种图形。控制多旋翼无人机时请选择固定翼机型;

d. 通信模式:根据目前所选择设定的通信模式,显示为 PCMS、PPM 和 4096 等;

e. 微调显示:根据目前所设定的摇杆微调,显示出调整量。

②功能键。

a. 菜单键 MENU:开机之后,按下菜单键,可以进入功能菜单参数设置,用以设置遥控器各功能参数;若在各功能菜单画面时按下此键则回到菜单页面;

b. 退出键 EXIT:可随时退出编辑状态,或退至上一菜单;

c. 增加/减少键+/−:可对所编辑项目或菜单进行数值加减或状态选择,当长按"−"键强行退出时会出现熄火警告。

d. 上下左右方向键:可移动选择至需要编辑的项目或菜单;

e. 确认键:配合菜单进入项目或进入编辑状态,长按此键时,所选取项可恢复默认值。

5.1.2　工具及耗材准备

充电器及前述各任务中用到的一些工具和耗材,此处不再赘述。

5.1.3 操作实施

（1）功能菜单操作

天地飞9遥控功能菜单包括系统设置、参数设置和高级设置等。

图5.4 系统设置功能菜单

1）系统设置

在关机状态下，按住 MENU 键，然后开机，即可进入"系统设置"菜单项，如图5.4所示。在此状态下，可以对各个功能逐一进行设置，设置方法如下：

①使用方向键在屏幕上选择所需设置的功能，上下方向键用来选择功能项，左右方向键用来翻页。

②在功能项反黑状态下，按下确认键即可进入各项功能的子菜单并进行设置。

③设置完成后，按 EXIT 键返回上级菜单，同时自动存储设定值。

各功能选项及具体含义见表5.1。

表5.1 系统设置各功能菜单

序号	菜单名称	功能说明
1	机型参数选择	共有15架模型机可供选择，比如直接选择机型1
2	机型名称	用大小写字母、数字或符号为选定的机型进行命名，以示区别
3	机型设置	设置机型为直升机、固定翼或滑翔机，此处请设置为固定翼
4	低速微调	低速微调开启时，用微调修正油门摇杆的低速位置，而不影响油门摇杆的高端设置
5	副翼—2	给副翼分配另一个通道，比如通道6或通道7
6	调制类型	在使用 PCM 接收机时，发射机调制模式设为 PCM 模式，如使用 PPM 接收机则设为 PPM，如使用 2.4 GHz 接收机则设为 2.4 G PCMS 1024 模式。本书中设为 2.4 G PCMS 1024 模式
7	控制杆设置	让用户按个人习惯自由设置控制杆，共有4种模式可供选择
8	控制杆校准	让用户按个人喜好，在更换左、右手油门后校对控制杆
9	恢复出厂值	清除所有设置值，回归出厂时预设值，便于按要求重新设置
10、11	发送/接收数据	用一根数据对拷线（教练线）实现两台遥控器之间的数据对拷
12	提示音设置	根据用户个人喜好自由设定所有声音开或关
13	对比度设置	通过对对比度数值的增减来调整显示屏的亮度
14	版本信息	显示当前遥控器的版本信息，如编号、出厂日期等

2）参数设置

在开机画面状态下，按下 MENU 键，即可进入"参数设置"菜单页，如图 5.5 所示。在此状态下，可以对各个功能参数进行设置，方法和功能设置一样。各参数功能及具体含义见表 5.2。

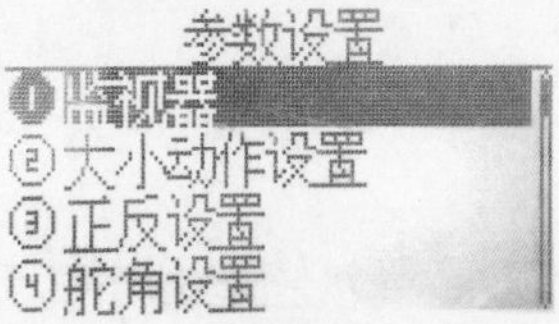

图 5.5　参数设置菜单

表 5.2　参数设置各功能菜单

序号	菜单名称	功能说明
1	监视器	监视与确认遥控器 9 个通道各自的输出状态（PPM 前 8 个通道）
2	大小动作设置	通过设置切换开关改变副翼、升降舵或尾航的控制比率
3	正反设置	调整各执行机构的动作方向，使舵机动作方向改为正转或逆转
4	舵角设置	决定机体各舵初期的舵角量，调整各动作舵机的左右舵角最大行程量，其数值调整范围为 0~120%
5	辅助微调设置	在电子微调量不能使各舵达到满意角度时，由本功能加以补正，使舵手面达到理想的角度。请将各微调置于中央位置后再开始设置
6	辅助通道设置	改变设置在 5~9 通道上的开关或者旋钮（含正反项功能）
7	油门曲线设备	配合油门摇杆的位置进行调整，使发动机的转速在最好的飞行状态下飞行，除非高手，否则不要随便设置
8	微调设置	针对各微调步径的调整以改变各微调的灵敏度，设定值可设为 0~250
9	襟翼副翼混控	在副翼使用两个混合器，让副翼也能拥有襟翼功能的混合机能
10	襟翼微调	让 6 通道的量钮来作微调杆动作
11	副翼差动控制	在副翼使用两个舵机，可以在左右副翼动作制造差动
12	升降-襟翼混控	使襟翼、升降舵对应动作，襟翼下放，升降舵上偏，特技动作更流畅
13	熄火设置	当飞行完毕时，要使引擎熄火的一个功能。油门关闭的执行初期是设定在开关 A，油门微调的调整也会影响油门关闭时执行动作的位置，所以当有移动油门微调时，一定要检查油门关闭时的动作位置
14	低速混控	此功能是和空气制动开关或齿轮开关联动的，调低发动机低速运转。这是为了防止在上空飞行时发动机突然失灵，而将发动机的低速运转设定得高一些，或是着陆时想调低发动机的低速运转时使用的方法
15	失控设置	用于在因各种原因（如干扰）下，接收机丢失发射机信号时，接收机自动将舵机位置返回到初始预设值
16	定时器	根据经验值，在电量或油量即将用完前，以警示音提醒用户尽快将飞行器降落到地面。采用倒计时方式且会在结束前 10 s 提前警示
17	高级设置	为使用户达到更理想的飞行效果而添加的 20 项高级功能，本书不作要求

3）高级设置

进入"参数设置"菜单后，用左右方向键翻页，可以看到"高级设置"菜单项，按确认键进入"高级设置"，如图5.6所示。当然，这些高级设置在你成为一个真正的高手前几乎是用不到的。

由于上述3项设置中的多项功能在目前阶段还涉及不到，所以在后面的叙述中，我们只对一些常用选项予以说明，其他选项设置可参考遥控器使用说明书。

图5.6 高级设置菜单

（2）遥控器对码

每个遥控发射机都有独立的ID编码，开始使用遥控设备前，机载接收机必须与遥控器对码。对码完成后，ID编码就存储在接收机内，且不需要再次对码，除非换了遥控器或接收机。对码步骤如下：

①检查接收机电源正负极是否正确，电压是否在安全工作范围。

②接上动力电池，接收机通电。

③长按接收机上SET键2～3 s，状态灯STATUS为橙色慢闪，表明进入对码状态，如图5.7所示。

④按住高频头SET键打开遥控器，再按一次SET键进入对码功能，橙色灯STATUS长亮，此时长按SET键至橙色灯慢闪，表明进入对码状态。

⑤当遥控器绿灯长亮，接收机指示灯熄灭时，对码成功。

图5.7 接收机对码设置

（3）通道配置与模式设置

在这里，用天地飞9遥控器控制F450四轴飞行器，且以视距内飞行为主要目标。因此，在天地飞9的9个通道中，一般只用到前面5个基本通道，剩下的通道为辅助通道，用于添加其他功能，如云台控制等。在5个基本通道中，规定通道1为副翼，通道2为升降，通道3为油门，通道4为航向，通道5为飞行模式切换。

1）机型参数设置

在15架模型机中选择一架作为自己的机型标志，步骤如下：

①按住MENU键的同时打开遥控器，进入系统设置菜单，选择"机型参数设置"菜单选项后，按确认键进入机型参数选择界面。

②使用上、下方向键选择一种图示中有常规布局的固定翼机型。

③选择好后，按确认键确认。

④设定成功后，按EXIT键退出设置。

2）机型名称

①在"系统设置"菜单界面，用上、下方向键选择"机型名称"后，按确认键进入名称设置

界面,如图 5.8 所示。

②在光标闪烁处按下确认键,在图中右下角处选择大小写字母、数字或符号。

③选择好后,用左、右方向键移动光标,编辑下一个字符。

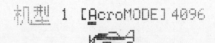

图 5.8　为机型命名

④全部设置完成后,按 EXIT 键返回上级菜单,同时自动存储设定值。

3)机型设置

①在"系统设置"菜单界面,用上、下方向键选择"机型设置"后,按确认键进入设置界面。

②用上、下方向键选择所需机型和选择固定翼。

③选择好后按确认键确认。

④按 EXIT 键返回上级菜单,同时自动存储设定值。

4)调制类型

①在"系统设置"菜单界面,用上、下方向键选择"调制类型"后,按确认键进入设置界面。

②用上、下方向键选择所需类型,这里选择 2.4 GHz PCMS 1024 选项。

③按确认键确认。

5)控制杆设置

①在"系统设置"菜单界面,用上、下方向键选择"控制杆设置"后,按确认键进入设置界面,如图 5.9 所示,图中模式 1 为日本手(右手油门);模式 2 为美国手(左手油门);模式 3 和模式 4 很少用,可根据个人习惯来选用。

②使用方向键选定编辑项,这里选择美国手。

③设定成功后,按 EXIT 键退出并保存。

6)正反设置

①遥控器开机后,按下 MENU 键,进入"参数设置"菜单页。

②用上下方向键选择"正反设置",按确认键进入设定界面,如图 5.10 所示。

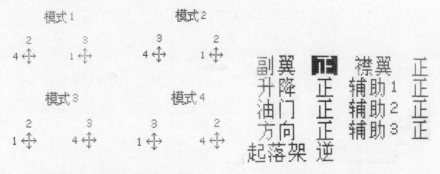

图 5.9　控制杆设置成美国手　　　　图 5.10　正反设置

③使用方向键选定待编辑项,然后用+/-键进行正、逆转切换,或使用确认键执行。

④设定成功后,按 EXIT 键退出并保存。

7)舵角设置

①在"参数设置"菜单界面,按上、下方向键选择"舵角设置",按确认键进入设定界面,如

图 5.11 所示。

②使用方向键选择需要设置的项目。

③设定该动作行程量的数值用+/-键执行,长按确认键可恢复默认值。

④设定完成后,按 EXIT 键退出并保存。

8)辅助通道设置

①在"参数设置"菜单界面,按下方向键选择"辅助通道设置",按确认键进入设定界面,如图 5.12 所示。

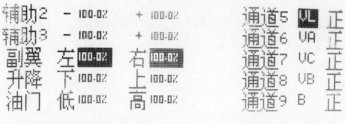

图 5.11　舵角设置　　　　　图 5.12　辅助通道设置

②使用方向键选定待编辑项。

③设定各通道的控制开关或旋钮,用+/-键执行。开关可选择 A ~ F,旋钮可选择 VA、VB、VC、VL、VR,或选择无。

④设定成功后,按 EXIT 键退出并保存。

(4)油门行程校准

①为保证操作过程安全,请先拆除已装好的全部螺旋桨。

②断开接收机与飞控的连接。

③选择 4 只电调的一只,例如 M3,先进行行程校准。

④将电调的数据线直接接入接收机的第三通道,方向上黑下白,不能接错。

⑤准备一个 BEC 电源接入接收机第九通道,为接收机供电。

⑥将遥控器油门打到最低后开机,会听到嘀嘀嘀的响声。

⑦逐渐向上推油门,电机启动并旋转,此时请检查电机旋转方向是否正确,若不正确应及时断电,并更换电调与电机的三根连接线中的任意两根,之后再次检查电机的旋转方向。

⑧将油门杆推到最高位,此时电机转速应最大。

⑨按同样的方法完成其他 3 个电调的油门行程校准,注意各电调线的接口。

(5)定时器设置

①在"参数设置"菜单界面,按上、下方向键选择"定时器",按确认键进入设定界面,如图 5.13 所示。

②使用方向键选定待编辑的选项。

③在"定时器"选项处设置定时器,天地飞9遥控器共可设置3个定时器(A、B、C)。

④在"分……秒……"选项处设置时间,用+/-键执行,长按确认键可恢复默认值。

⑤在"模式"选项处设置模式,用+/-键执行。

⑥在"控制"选项处设置控制开关,用+/-键执行,可自由设定在任何开关上随时进行切换。

⑦在"位置"选项处设置此功能开启时控制开关的位置,用+/-键执行。

定时器
分 10秒00
模式　增加
控制　开关C
位置　无

图 5.13　定时器设置

⑧设定成功后,按 EXIT 键退出并保存。

⑨遥控器工作时,打开定时器开关,与此开关对应的计时器会在遥控器屏幕上相应位置显示时间的开始及停止。

(6)教练控设置

使用两个天地飞9遥控器,一个作为教练控,一个作为学员控,两个遥控器之间用选配的教练线连接起来,就构成了 WFLY 的教练系统。教练控的发射机必须打开教练开关,学员控才能操纵飞机。而当教练开关断开后,飞机的操控权将返回到教练控上。这样,当学员在飞行训练时,若出现危险或偏差过大等情况,教练可以立即将操控权切换到自己手中,以确保飞行训练安全。教练控设置具体步骤如下:

①将教练控与机载接收机进行对码连接,确保参数无误,飞机可正常飞行。

②用教练数据线连接教练控和学员控,连接的接头在遥控器的背面。

③在教练控的"系统设置"菜单中选择"发送数据"菜单项,按确定键发送"机型参数选择",等待学生发射机接收。

④在学员控的"系统设置"菜单中选择"接收数据"菜单项,开始接收来自教练的数据,接收完成后出现"机型参数选择"画面,按确定键完成接收工作。

⑤教练控和学员控断电后同时开机,通过教练控上"TRN"键切换控制权,通过调参软件,检测发射机监视器、大小动作设置、曲线设置等是否正常,若正常即表明教练功能设置成功。

教练功能设置过程的相关界面如图 5.14 所示。注意:教练控和学员控的调制类型,如 PPM、PCMS 1024、2.4 G PCMS 4096 等,必须保证相同。

图 5.14　教练控设置

任务5.2　飞控调参

NAZA-M Lite
飞控调参

大疆 NAZA-M Lite 属商品级飞控,与大部分开源飞控相比,其参数调试相对简单。但参数设置的流程与开源飞控是类似的,各参数设置的界面对其他飞控的参数调试同样具有较强的借鉴意义,对于初学者而言,仍不可掉以轻心。考虑在前述各任务的学习和训练过程中,我们对设备清点和工具及耗材准备已养成了一定的习惯,且基于无人机上天前故障零容忍的需求,调试的过程实际上也是发现问题并解决问题的过程,设备、工具及耗材可能随时都要用到。因此,从本任务开始,操作前的准备工作由读者自己完成,我们将利用有限的篇幅直接进入操作实训环节。

5.2.1　调参软件安装

NAZA-M Lite 调参软件适用于 Windows 和 Mac OS X 两种操作系统,这里以 Windows 系统为例完成安装与运行。

(1)软件下载与安装

①准备一台性能较好的笔记本电脑,专门用于无人机的学习、工作和娱乐,这是非常有必要的。

②打开电脑并接入互联网,访问 DJI 官网"www.dji.com",找到 NAZA-M Lite 产品页面,下载 EXE 格式的调参软件和驱动安装程序。

③使用 Micro—USB 数据线连接飞控系统和计算机(利用 LED 指示灯模块上的接口)。

④先运行刚刚下载的驱动安装程序,按照提示完成驱动安装。

⑤再运行调参软件安装程序,严格按照安装说明提示完成安装。安装完成后,你的电脑桌面上将会生成一个 NAZA-M Lite 调参软件的快捷图标。

(2)进入图形界面

①确保主控已上电,且已通过数据线与电脑相连接,电脑已接入互联网。

②双击桌面上 NAZA-M Lite 调参软件快捷图标,按提示要求完成第一次运行该调参软件的注册工作。

③注册完成后,屏幕上将显示调参软件初始界面,如图5.15所示。

该界面称为 NAZA-M Lite 调参软件的图形界面,以"所见即所得"的方式指导用户完成参数设置的各种操作。包括查看、基础、高级、工具、升级和信息6个选项图标,每个图标对应不同的参数设置。本书仅介绍一些常用且比较重要的设置项目,其他项目可以参照详细的NAZA-M Lite 用户手册。

图 5.15　NAZA-M Lite 调参软件图形界面

a. 查看：用于快速查看参数调试的具体结果。图 5.15 为未调参前的原始界面，当调参工作完成后，所有设置结果将在本页面全部显示。

b. 基础：在此页面进行飞行器类型、遥控器类型、安装位置、感度、通道监测的设置。

c. 高级：在此页面进行马达、失控保护模式、智能方向控制、云台设置、电压设置等。

d. 工具：在此页面进行 IMU（惯性测量单元）的校准。

e. 升级：在此页面可查看升级版本信息。

f. 信息：在此页面查看用户信息等。

（3）关于固件升级

每次打开调参软件时，可能都会自动检测最新版本，如果计算机上的现有版本不是最新，将会显示升级提示框。请按以下步骤进行固件升级：

①确保计算机已接入互联网。

②升级过程中，请关闭其他应用程序，包括杀毒软件、网络防火墙等。

③确保飞控系统可靠供电，升级完成前切勿断开电源。

④确保主控器与电脑已通过 Micro—USB 数据线连接，升级完成前切勿断开 USB 数据连接。

⑤打开调参软件并等待主控器与调参软件连接。

⑥点击升级。

⑦服务器将检查您当前的固件版本,并检查最新的可升级固件版本。

⑧如果服务器上的固件较新于您的当前版本,您将可以进行升级。

⑨请耐心等待,直到调参软件显示已完成。

⑩请在 5 s 以后,对飞控系统进行电源重启。

⑪升级完成后,请重新使用调参软件配置参数。

⑫如果固件升级过程失败,主控将自动进入等待模式,请重复以上步骤。

5.2.2 基础设置

(1)选择多旋翼类型

①在如图 5.15 所示的图形界面,单击"基础"选项图标。

②点击飞行器图标,出现如图 5.16 所示的飞行器类型选择窗口。

图 5.16 选择多旋翼类型

③为 F450 选择 X 型四轴飞行器,即图 5.16 中上排第二个类型。

(2)设置 GPS 安装位置

①在"基础"设置界面单击"安装"选项,显示界面如图 5.17 所示。图中,坐标 X 表示 GPS 与主控(飞行器重心)的前后距离,Y 为左右距离,Z 为上下距离,单位为厘米,红线表示输入正值,绿线表示输入负值。

②再次检查并确保主控和 GPS 的安装方向与机头朝向一致。

③用直尺测量 GPS 体心位置与飞机重心的相对距离,并将测得的 3 个数值填入对应数值框内,注意 X、Y、Z 的方向。

举例:若实际测得 GPS 在飞机重心前方 7 cm、右侧 2 cm、顶部距重心 13 cm,则对应 X、Y、Z 的输入值分别为 7、2、–13,以此类推。

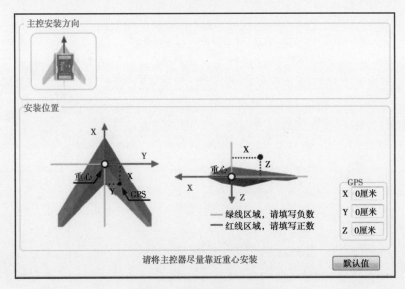

图 5.17　设置 GPS 安装位置

（3）遥控器校准

①检查并确保接收机与主控接线正确。

②在"基础"设置界面点击"遥控器"选项,显示界面如图 5.18 所示。图中共有接收机类型、命令杆校准、遥控杆监视和控制模式切换等 4 项需要选择或校准,其中遥控杆监视为可选功能,视距内飞行时无须校验。

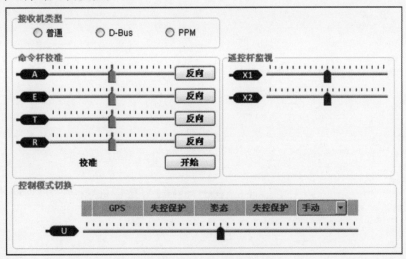

图 5.18　遥控器校准

③根据天地飞 9 遥控器适配 NAZA-M Lite 飞控的要求,在"接收机类型"选项处勾选"普通"和"PPM"。

④在进行命令杆校准之前,请把 A(副翼)、E(升降)、T(油门)、R(偏航)4 个通道的最大

值和最小值设为默认(即100%),把遥控器上这4个摇杆的微调设置为0(中位)。这一点很重要,因为如果微调不为0,在飞控解锁时电机将有可能无法启动。

⑤单击"开始"按钮,推动所有通道对应的摇杆使其活动到最大工作范围并重复几次,如图5.19所示。摇杆推动的同时,认真观察各个绿色滑块的运动情况,正确的移动方向是:

图5.19 摇杆工作范围

a. A(副翼):摇杆向左,滑块向左,表明飞行器向左运动;摇杆向右,滑块也向右,表明飞行器向右运动。

b. E(升降):摇杆向上,滑块向右,表明飞行器向前运动;摇杆向下,滑块向左,表明飞行器向后运动。

c. T(油门):摇杆向下,滑块向左油门减小;摇杆向上,滑块向右油门增大。

d. R(偏航):摇杆向左,滑块向左,表明机头向左旋转;摇杆向右,滑块也向右,表明机头向右旋转。

⑥如果某个滑块的移动方向不满足以上要求,请点击对应滑块右侧的"反向"按钮。当所有滑块移动方向正确后,点击"结束"按钮,完成命令杆校准操作。

⑦最后进行控制模式切换功能的验证。找到在遥控器上已设置好的、用于模式控制的三段位开关,拨动开关到上、中、下3个位置,分别对应手动、姿态、GPS 3种模式,观察屏幕上"控制模式切换"选项中的滑块,应分别停留在手动、姿态和GPS对应区段的中间位置,校验完成后,点击"结束"按钮。

5.2.3 高级设置

高级设置中常用的两个调参项目是马达和失控保护。

(1)马达调制

①在"高级"设置界面点击"马达"选项,显示界面如图5.20所示。

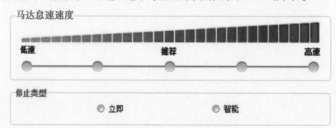

图5.20 马达调制

②在"马达怠速速度"选项区域,用鼠标将光标滑块拖动到"推荐"位置,即设置马达怠速速度为默认值。

友情提示

马达怠速速度是指电机在启动后的最低转速。该参数主要针对马达怠速过高的用户,可以通过设置该参数降低马达怠速速度。但对于一般用户,建议设置为"推荐"及以上,否则马达怠速过低,可能导致电机无法起转。

③启动电机。起飞前直接推油门不会启动电机,因为 NAZA-M Lite 飞控共设计了 4 种掰杆动作用于电机启动,如图 5.21 所示,只有执行其中一种掰杆动作才能顺利启动电机。这里推荐使用第三种或第四种,俗称"外八字解锁"或"内八字解锁"。

图 5.21　掰杆解锁的 4 种方式

④为着陆后电机停转选择一种类型。请在图 5.20 中的"停止类型"选项区,点击"智能"选项作为电机的停止类型。在该选项下,不同控制模式的电机停转方式有所不同:手动模式时只有执行掰杆动作才能停止电机;姿态模式和 GPS 模式时,以下 4 种情况中的任何一种都会停止电机。

a.在电机启动后 3 s 内没有推油至 10% 以上,电机将自动停转;

b.执行掰杆动作;

c.油门摇杆在 10% 以下,并且成功着陆 3 s 后;

d.飞行器飞行时倾斜角度超过 70°,并且油门摇杆在 10% 以下。

 友情提示

电机停止类型中的"立即"选项是指:无论在何种控制模式中,只要通过掰杆动作执行电机启动后,如果 3 s 内没有推油门至 10% 以上,电机将自动停转。而如果在停转后 5 s 内紧接着推油门至 10% 以上,电机会重启,无须再次执行掰杆动作重启电机。

(2) 失控保护

增加型失控保护功能是 NAZA-M Lite 飞控的高级功能之一。开启功能后,一旦主控失去控制信号就会触发该保护,实现飞行器自动降落或自动返航降落(需接入 GPS 模块),最大限度地减少"炸"机的可能性。

主控信号丢失的可能原因包括:

遥控器和接收机之间的信号丢失,比如飞行器在遥控器通信范围之外,或遥控器故障等;

主控和接收机之间 A、E、T、R、U 通道中的一个或一个以上的连接断开。如果这种情况发生在起飞前,推油门杆后电机不会起转;如果发生在飞行过程中,失控保护模式被触发,LED将闪黄灯报警。

①在"高级"设置界面单击"失控保护"选项,显示界面如图5.22所示。

图5.22　增加型失控保护模式

②在增加型失控保护的"自动下降"和"自动返航降落"两种模式中选择一种模式,推荐选择"自动返航降落"模式。

③若选择"自动下降"模式,则在触发失控保护的当前位置悬停6 s后原地降落。

④"自动返航降落"模式,是指在第一次推油门杆并起飞的位置自动记录返航点,一旦失控保护被触发,飞行器将从当前位置自动飞行到返航点位置并降落,降落过程如图5.23所示。

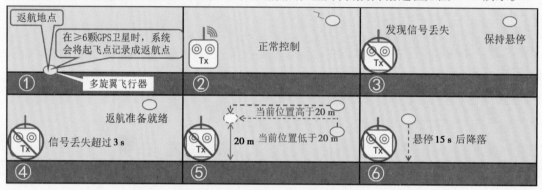

图5.23　自动返航降落过程示意图

任务5.3　无桨调试和有桨调试

前面,我们对多旋翼无人机的遥控器、飞控系统和动力系统进行了详细的调整与测试,在这些调试过程中,我们都没有安装螺旋桨,这就是业界所称的无桨调试。当然,无人机最终是要起飞的,要起飞就必须安装螺旋桨。因此,有桨调试也是无人机调试过程中的重要环节,因危险系数较高,所以有桨调试的安全问题是第一位的。

5.3.1　概述

(1)无桨调试

无桨调试

无桨调试就是不带螺旋桨的调试,这种调试方法虽然不能排除所有的问题,但是可以发现存在的绝大部分问题,其优点是在前期调试过程中,可有效避免因桨片旋转而带来的安全问题。

无桨调试的主要内容及步骤在前述任务中已有详细描述,为进一步便于掌握,这里再进行整理和盘点,并强调一些注意事项。

1)线路连接

线路连接包括各种导线的焊接、飞控与接收机连接、飞控与电调连接、飞控与电源模块连接以及飞控与LED指示灯和GPS磁罗盘的连接等。

①确保连接方向和所用接口完全正确。

②连接过程中除非必要,否则请不要连接电源。

③注意手或身体其他部分不能同时接触电源的两极。

④有热缩管的地方应检查包裹是否紧密,避免漏电。

⑤首次通电后,应重点检查电路各接口是否有过于发烫的地方,或者焊接松动的地方,如果有,请重新焊接或检查线路是否短路。

2)动力系统检查

动力系统调试是结合飞控和遥控器进行的,没有安排专门的章节,但考虑该系统是无人机飞行的重要安全保证,因此调试过程中的检查工作不可或缺。

①电池。电池在整个设备中属于比较危险的器件,在使用一段时间后,应检查电池是否有鼓包或其他异常情况,若有问题要立即更换,并妥善处理损坏的电池。

②电调。连接安装时要注意与电机的匹配,首次通电时应密切关注是否有过热或冒烟现象,若有此类现象,说明电流过小,应及时更换。③电机。首次通电启动测试时,要重点查看电机旋转过后是否有发热现象,如果过于发烫,就需要更换新的电机。

3)遥控器检查调试

涉及对码、检查电机旋转方向、油门行程校准、命令杆校准等具体内容。

①随时关注遥控器电池电量,低电压报警时应及时收回无人机并更换电池,避免无人机失控;

②更换电池时应找准正、负极,避免因接反而损坏遥控器;

③本书仅介绍了天地飞9遥控器与配套接收机的对码方法,不同的遥控器对码方式可能有所不同,请自行查看对应说明书进行正确对码;

④同样的,飞控调参时,不同的遥控器或飞控其调参方式不尽相同,请查阅相关资料;

⑤用遥控器检查电机旋转方向时,可用一个简单的检查方法:准备一个小纸条(宽1~2 cm,长5~8 cm),拿住这个纸条的一端,用另一端接触转动的电机,通过观察纸条弯向哪一侧来判断电机转动方向。如果转动方向不正确,可以切断电池,更换电机与电调的3根连接线中的任意两根即可。

4)飞控调参

NAZA-M Lite飞控的调参内容、步骤及使用注意问题前文已有详细描述。不同的飞控其调参方式有较大区别,请参照相应的飞控用户手册。

(2)有桨调试

有桨调试是对安装了螺旋桨的多旋翼无人机进行的调试,内容包括螺旋桨安装调试、全部调试完成后的首飞及试飞测试等。关于螺旋桨的平衡测试和螺旋桨的机上安装等内容,在任务 3.2 中已有描述,下面将重点介绍有桨调试的后续内容。

磁罗盘校准

5.3.2 磁罗盘校准

（1）校准目的

飞行器上的磁体或附近的磁场会影响指南针读取地球磁场信息,干扰飞行器航向识别,从而降低多旋翼无人机的控制精准度甚至产生故障。通过校准,可以将这些影响降至最低,确保主控器在不理想的磁场环境中正常工作。

（2）校准时机

①NAZA-M Lite 飞控初次安装时需要校准。
②多旋翼无人机的机械安装变化时,比如:
a. GPS 指南针位置变更;
b. 电子设备如主控、舵机、电池等添加、移除、移位;
c. 多旋翼飞行器的机械结构变更等。
③多旋翼无人机飞行过程中发生漂移时(不能直线飞行)。
④飞行器调头时 LED 指示灯多次显示姿态错误。

（3）校准步骤

①找到控制模式切换的三位开关,在手动模式与 GPS 模式之间来回快速切换控制模式开关 6 ~ 10 次,直到 LED 指示灯黄灯常亮。
②手持飞行器,在水平平面内旋转 360°,直至绿灯常亮。
③机头朝下在垂直平面内再次旋转飞行器 360°直至绿灯熄灭,完成校准。以上动作如图 5.24 所示。

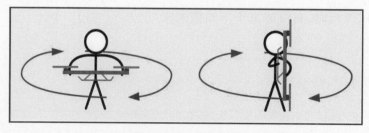

图 5.24 磁罗盘校准

④校准完成后,观察 LED 指示灯显示状况判断校准是否成功:如果校准模式自动退出后,LED 正常闪烁则表明校准成功;若红灯持续闪烁,则表明校准失败,请重复上述步骤重新校准一次。

(4)注意事项

①请不要在强磁场区域校准,如磁矿、停车场、带有地下钢筋的建筑区域等。
②校准时请勿随身携带磁体,如钥匙、手机等。
③NAZA-M Lite 飞控无法在南北极圈内正常工作。
④无须完全水平或垂直旋转多旋翼飞行器,45°度角以内即可。
⑤如果持续校准失败,请检查附近是否有强磁场干扰 GPS 指南针模块。

5.3.3　系留首飞

(1)首飞前再次检查

①确认油门行程已经校准。
②检查螺旋桨是否已经固定牢固。由于电机在转动时速度很快,桨片固定不牢固,很容易使得桨片脱离电机,伤到周边的人,所以务必认真检查。
③确认桨片完好无损,出现裂纹的桨片尽量不要使用,避免裂纹造成桨的断裂,引发安全事故。
④确认电机旋转方向与桨片匹配。此项检查的内容是:在螺旋桨转起来时为飞控提供向上的升力,而不是向下的压力。
⑤确认遥控器电量充足。

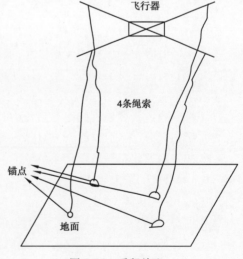

(2)系留飞行器

第一次调试飞行时,有可能由于不知名的原因,使得飞行器到处乱飞,所以在测试飞行时需要固定好飞行器。不过这里所说的固定并不是说不能让飞行器起飞,而是指要控制其在一定范围内飞行。这时需要有绳子可以拉住飞行器,限定其飞行范围即可,如图 5.25 所示。

图 5.25　系留首飞

（3）测试飞行

①接通电源、连接发射机。在确认了一切正常后，此时就可以接通电源，然后打开发射机开关，等待发射机与接收机连接。

②解锁飞控。先让飞行器附近的其他人员远离，并确保附近有一定的飞行空间。然后使用内八字或外八字方式解锁飞控，解锁后，油门要保持最低。

③推动油门，开始起飞。缓慢推动油门（不要移动其他摇杆），注意观察飞行器的起飞状态。如果出现较大的倾斜马上收油门，避免出现意外，并且锁定飞控断开电源，然后检查问题所在，排除问题后，重新开始测试。

④检查方向控制。检查完油门控制无误后，即可开始检验遥控器在其他通道的使用，来回轻微地移动摇杆检查飞行器是否可以按照指令完成相应的飞行。若不能完成相应的飞行，则需要缓慢收住油门，让飞行器平稳着陆，锁定飞控，断开电源，然后排除遇到的问题。这一步骤需要反复实验多次，尽可能多地发现问题并解决问题。

（4）调试完成后的首飞

解开系留绳开始首飞时，要注意保持平稳起飞，平稳降落。

①选择场地。飞行器的飞行需要一个安全的环境，以保证飞行器安全和人员安全。所以在首飞时需要选择一个开阔的场地（新手应尤其注意），且人流量少。

②选择天气。大多数多旋翼组装机都没有任何防水措施，所以不能在雨雪天气飞行，最好也不要选择有水潭的地方；同时，也不能有较大的风，大风会增加飞行难度，对操作者来说无疑是一项巨大的挑战。

③首飞前的检查。首飞前必须对全机再进行一次全面检查，内容主要包括：机架螺丝是否固定牢固；飞控、电机、电调是否完好且固定牢固；电池是否电量充足等。

④接通电源。确保检查无误以后，就可以接通飞机电源（应确保遥控器已通电），需要注意的是，不要让自己接触金属部分，例如，用沾水的手去连接电源。

⑤解锁飞控。接通电源后，经过几秒钟的等待，遥控器就会连接上接收机，并且飞控板也启动了控制系统。如果你的接收机没有连接上发射机请重新设置它们的连接。注意美国手和日本手的区分，解锁后保持油门位置最低。

⑥起飞。这将是飞行器的第一次自由自在的"翱翔"。然而，首次起飞一般是伴随着断桨、炸机等事故而结束。所以，建议在第一次飞行时携带调试说明书、备用的正反桨 1~3 对、备用电机和备用电调各 1~2 个。起飞的操作仅仅需要慢慢推动油门，在快要离开地面时，控制飞行姿态，平稳起飞。然后，稍微调整油门，使飞行器平稳的飞行在某个高度。

⑦飞行控制。起飞后，需要使用遥控器摇杆来控制飞行器做一些简单的动作，了解飞行器接收发射机的指令后是否能够正确处理。同时，也是在训练操纵者的操纵能力。对于新手需要慢慢适应。新手在操作时，飞行器的飞行方式可能会出现不稳定的情况，需要长时间的飞行训练。

⑧降落,并锁定飞控。结束飞行时需要让飞行器平稳降落。准备降落时,先缓慢收油门,并保持飞行器平稳飞行。待飞行器开始降落时,油门停止向下拉,此时只需保持飞行器慢慢下落的趋势即可。待到飞行器接近地面 15 ~ 20 cm 时,让飞行器保持当前高度 1 s 左右。然后再次缓慢让飞行器降落直至着陆。随后立即将油门收到最低,待所有电机都停转后将飞行器锁定。

⑨整理飞行器。试飞调试完成后,断开电源,将飞行器及相关设备对照清单收拾齐全放入各自包装箱内,并将垃圾收拾干净随人员和设备撤收时一并带走。

飞行整体测试

5.3.4　飞行整体测试

飞行整体测试可以认为是多旋翼无人机出厂并交付用户使用之前的一种全面测试,其内容涵盖姿态稳定、航时、高低温及震动冲击等多个方面。

(1)油门测试

油门直接控制多旋翼无人机螺旋桨的转速,转速越高升力越大。由于飞行器飞行时质量不变,所以理论上,只要升力与重力大小相等、方向相反即可保持飞行器的高度。当飞行高度需要提高时,可以推动遥控器的油门摇杆,使飞行器所有螺旋桨的转速提高,升力大于重力时飞行器就会上升;反之,则下降。

油门操作的作用就是保持、提高和降低飞行器的高度。测试时,首先推动油门,使飞行器高度提高;到达一定高度后拉下油门,飞行器会慢慢下降;最后在快到达指定高度时,缓慢推动油门使飞行器停止下降,并保持一定的高度。注意,测试时也要注意其他摇杆,不要让飞行器到处乱飞。

(2)偏航测试

偏航是指机头的朝向发生改变,从而导致多旋翼无人机改变航行方向。在多轴飞行器中改变航向的方式不是使用舵机,而是改变对角螺旋桨的转速来完成偏航操作。测试时,偏航操作是由油门摇杆的左右方向决定的。所以在测试偏航时需要左右摆动油门摇杆,而其他摇杆要配合保持飞行器稳定。需要注意的是,如果没有推动升降摇杆使飞行器前行时,左右摆动油门摇杆,就会使得飞行器原地旋转。而在前行状态下使用偏航操作,就会出现转弯的效果。

(3)俯仰测试

俯仰是飞行器的前行和后退的操作(固定翼中主要为爬升和俯冲)。当机头俯下就会前行,当机头仰起就会后退(直升机也是一样)。如果想要机头仰起,则需要降低尾部螺旋桨的速度,增加机头螺旋桨的速度,但同时应该保证对角线上的两对桨的速度比相同。这样就保证了机头仰起,而且不会出现偏航的操作。俯冲操作也是类似的,只不过正好相反。测试时,需要用到遥控器的右侧摇杆(美国手,有时也称升降摇杆),向前推摇杆飞行器向前飞,向后拉摇杆飞行器向后飞。反复进行几次测试,若有异常情况需要进行调整,然后再次测试,直到完成测试内容。

(4)滚转测试

滚转操作原理和俯仰操作类似,只是其运动方向有所改变。与俯仰操作相同,滚转操作时多轴飞行器一侧的螺旋桨转速会下降,而另一侧转速会增加(左移时为左侧,右移时是右侧)。理论上在执行该操作时机头朝向不会改变,但是实际情况会有所不同。所以在执行操作时,需要不停地调整飞行器的机头方向,确保飞行器机头方向不会改变。测试时,需要对遥控器右侧摇杆进行左右摆动(美国手,有时也称副翼摇杆),操作方式也同俯仰操作类似,但是应当注意操作的幅度不宜过大,每个操作的时间也不宜过长,否则,飞行器移动距离较远,对新手会产生一定的心理压力。

(5)试飞时长要求与电机测温

试飞最好选择无风天气,尽量以姿态模式脱控 1.5 m 左右定高飞行,切勿使用 GPS 模式试飞。试飞时间长短需要根据动力系统配置和载重情况而定,约达到理论飞行时长 50% 后即可考虑降落。降落地面后马上使用非接触式测温计对每个电机进行测温并记录,要求每个电机温度偏差应在 10% 以内。如果偏差较大,则需要单独检查电机、配平螺旋桨、桨座是否打滑等。

(6)震动指数监测

由于多旋翼螺旋桨的动、静平衡不合格等原因,会使无人机在空中飞行时产生过大的震动,可能会导致飞控传感器被噪声淹没,无法稳定飞行,甚至失控。因此,飞行测试过程中需要对机体震动情况进行监测,市场上销售的飞控有一部分已安装了自动记录和存储震动数值的芯片,监测起来较为方便。但大多数飞控则无此功能,需要借助其他有震动数值显示的飞控来完成监测记录。

任务 5.4　装调工作拓展——DIY

是时候对前述所有的装调工作进行一个全面的总结了,总结的目的是为操作多旋翼无人机 DIY 时厘清思路,提高效率,练就技能。

5.4.1 总体思路

归纳前面的学习和训练,不难发现,要想单独制作一架能飞的多旋翼无人机,一般需经历以下步骤:学习无人机的基本理论和装调基础→明确无人机功能定位→确定机型→设备与材料选择→组装→调试→飞行测试→维护保养与改造升级。

(1)功能定位

1)明确无人机的用途

多旋翼无人机的功能具体包括:入门级体验、操控基本功训练、穿越竞速训练、FPV 穿越训练、3D 特技飞行训练、航拍及其他工业级应用等。

①入门级体验。可以更多地采用自制材料,充分利用手边现有材料,例如,泡沫、轻木板或木块、塑料片或塑料块、铁皮或铁块、钢材、管材等。

②操控基本功训练。四旋翼无人机操控简单,最适合入门。不用配置过高过猛的动力,可配置较好的飞控以增加稳定性,可在机架下加装泡沫或在螺旋桨边加防护架,防止"炸"机等事故发生。

③穿越竞速训练。穿越竞速训练要求小巧灵活,暴力急速飞行。通常配置较小的 X 型或I 型机架,高效强劲的动力系统。

机架大小:可选择 110、130、150、250、280 等机型。日常训练可选择大小适中的 250 机型;室内飞行,场地有限,有一定飞行经验后可选择轴距更小的 150 机型;室外飞行、野外飞行,可选择 280 大轴距,以增加抗风性。

机架布局:X 型和 I 型结构的机架设计一般会相对耐摔,可拆卸式的机臂比一体化机臂的维修成本低;飞控、分电板一般多在机架中部,图传、电池位置尽可能地让机架保持重心平衡。

动力配置:为了保持暴力急速飞行,须配置高效强劲的动力系统。电机选择要根据商家提供的拉力曲线进行比较,并非单纯的拉力越大越好,还要考虑效率和桨叶的搭配;电池多选4S 或以上,还要综合考虑电池质量、电压、容量和放电能力 4 个参数,保证放电峰值要尽可能贴近所选电机的最大电流,以便尽可能地发挥电机的动力,适应暴力飞行。

④FPV 穿越训练。FPV 穿越训练除了要小巧灵活、暴力急速飞行外,还要具备较好的图传、摄像头和天线,以保证 FPV 的效果。

⑤3D 特技飞行训练。四旋翼无人机适合入门训练,电动直升机则适合提升训练,操控难度更大,也更易"炸"机,但 3D 特技飞行无疑是飞行操控的最高熟练度和技巧的结合。

⑥航拍。需配备云台、图传、相机或摄像头,搭载的设备越多,增加的质量就越重,动力系统需重新定位,稳定性也要求更高。

⑦其他工业级应用。因为搭载的任务载荷往往非常昂贵,应选用品质更优的配件,预留足够的动力冗余、更长的续航时间、更强的抗风性能、更好的稳定性和更高的可靠性。

2）确定无人机的性能

多旋翼无人机性能指标包括续航时间、最大飞行速度、抗风能力、最大起飞质量、稳定性、耐摔性、存储空间、是否能搭载云台和其他负载等。这些指标是无人机选材的重要依据，也决定着价格定位。

3）经济承受能力

希望达到的功能和性能尽量达到，不需要的功能尽量摒弃，以期用最低的价格配置出自己最希望达到的状态，获得最高的性价比。既需要熟悉产品本身不同型号的功能和性能差异，也需要熟悉不同品牌产品间的同型号参数的优缺点，以便选配出最高性价比的配件。

（2）选型

1）动力系统的选型

电动与油动的选择：电动简单且便宜，但续航时间短；油动复杂且昂贵，但续航时间长。

电动动力系统的选择：电池、电调、电机与螺旋桨的选择，决定了多旋翼无人机的操控性、续航时间和起飞质量等。

2）旋翼的轴数

通常轴数越多，稳定性越好，起飞质量越大，安全冗余度越高，价格也越贵。

3）机架的大小

通常机架越大，稳定性越好，起飞质量越大（因为可配备尺寸更大的桨叶），操控性越好，但灵活性越差，价格也越贵。

4）硬件的选择

硬件的型号、品牌、价格存在较大的差异，要根据定位需要进行比较并慎重选择。

5）硬件间的匹配

硬件间型号、参数的匹配恰当与否，决定了整机的性能。如电池、电调、电机间电压和电流的匹配，电机与桨叶的匹配、遥控器与接收机的匹配等。

（3）材料确定

材料包括自制材料、成品塑料构件、玻璃纤维构件和碳纤维构件等。

1）自制材料

自制材料是指充分利用手边现有材料，适合青少年科普，价格便宜，且能增强动手能力和提升兴趣。

2）成品塑料构件

与自制材料相比，通常成品塑料构件硬度和稳固性更好，但与玻璃纤维或碳纤维构件相比，质量和强度略差，适合初学者，价格比较便宜且具备一定的耐摔性。

3）玻璃纤维构件

玻璃纤维构件简称玻纤，分为玻纤板和玻纤管，与商品塑料构件相比，强度更高，质量更轻，价格更贵。基本功训练穿越机可采用玻纤板制作。

4）碳纤维构件

碳纤维构件简称碳纤，分为碳纤板和碳纤管。它是所有构件中强度最高、价格最贵的，适合穿越竞速机、大尺寸旋翼机、工业级应用旋翼机等。

（4）装调与试飞

1）组装

简单地说，就是把一堆零件组装成某个部件或整体设备，分为简装和总装。往复杂些说，需要掌握常用工具的使用、简单加工、机械装配工艺和电气装配工艺等基本知识和技能，再根据装配图或装配经验对无人机进行组装。要注意装配顺序、装配原则和装配的工艺要求。

2）调试

调试是指对新设备或者维修后的设备重新运行时所存在的问题进行处理，而维修则是指对损坏的设备进行修理。调试主要包括硬件调试和软件调试，硬件调试包括安装位置调整、安装距离和机械重心调整等，软件调试包括动力系统的调试、飞控系统的调试和遥控器与接收机的调试。

3）试飞

试飞即在正式飞行前进行的测试。试飞通常是在特定的安全防护网里或室外空旷无人的场地进行的，以限制无人机试飞的距离。严格来说，试飞和调试是密不可分的，调试时有些项目需要用试飞来验证，试飞后存在的问题又要通过调试来解决，甚至有些项目是边飞边调，如 PID 调参、摇杆舵量微调等。

5.4.2　选材攻略

下面以四轴为例，介绍多旋翼无人机选材方面要注意的问题。

（1）硬件清单

①机架：1 套。

②电机：4 个，正反转各 2 个。

③电调：4 个，需与电机参数匹配。

④电池：易耗品，可多配。

⑤螺旋桨：4 只，正反桨各 2 只，需与电机参数匹配。同样属于易耗品，宜多配。

⑥飞控：1 个。

⑦遥控器：1 个，附带接收机。

⑧电压报警器：1 个。

⑨充电器：给锂电池充电，要求平衡充。

⑩起落架：非必需品。

⑪任务载荷:相机、云台或其他负载,视距内飞行训练时非必需。

(2)工具耗材

1)工具

①电烙铁:用于焊接电线与香蕉头、电线与分电板、电线与各种接头等。

②焊接台:用于夹紧稳固小部件,便于精准焊接。

③热风枪:用于加热热缩管,保护电线与各种接头的连接。

④万用表:用于测量集线板电流、电池电流和电芯电压等。

⑤六角扳手:用于装卸机架和电机座上的螺钉,可用同规格六角起子代替。

⑥水口钳:用于电线、胶布等的裁剪。

⑦锉刀:用于倒角、修整。

2)耗材

①焊接类耗材。

焊锡:用于焊接的耗材,需要预热。

松香:用于焊接的辅助耗材,使电烙铁的焊头与焊锡更好地被吸附。

热缩管:用于电线与各种接头的绝缘保护。

②接插类耗材。

电线:用于连接电池和用电器件,需根据电流大小选择线的截面大小。

接头:用于电池电源线的插接。

香蕉头:用于电线的插接,如电调与电机的插接。

杜邦线:用于飞控、接收机、电调之间的连接。

③黏接类耗材。

双面胶:用于设备的黏接与稳固,如黏接飞控、LED 灯、电源管理模块、接收机等。

螺丝胶:用于螺钉、螺杆、螺母的稳固。螺丝胶是一种厌氧胶,当涂胶面与空气隔绝便能在室温下快速聚合而固化。工业级无人机的螺钉、螺杆、螺母的稳固必须使用螺丝胶。

尼龙扎带、魔术扎带、魔术贴:用于辅助稳固。

④装接类耗材。

螺钉、螺栓、螺母、铝柱、尼龙柱等。

(3)设备选型

1)机架

①机架大小。

机架大小为对角电机的轴距,单位为 mm。

110、130、150、250、280 等轴距通常用于穿越机;330、450、550 等轴距最常见、最受欢迎;450、550、600 等轴距的 X 型四旋翼无人机可扩展性较好,可以搭载运动相机或其他任务载荷。

实际上,任何轴距都可以选择,只要配备合适的电机来适配不同的轴距,平衡好机架大小、起飞质量、升力和续航之间的关系即可。

②旋翼数量。

三旋翼:优点是质量轻,成本相对最低(电机、电调数量少),更适合特技飞行,航拍视线好,可让相机近距离拍摄物体;缺点是算法复杂,电机无冗余,坏了一个电机就会直接"炸"机。

四旋翼:优点是适合入门,易制作,易操控,设置简单,成本较低。缺点是相对固定翼来说续航能力差,起飞质量一般。

六旋翼和八旋翼:优点是稳定性好,起飞质量稍大,电机有冗余,缺点是价格较高。③布局形式。

机架布局通常有 X 型、H 型、十字型、I 型和 Y 型等不同形式。

四旋翼:X 型和 H 型比十字型更为普遍。一方面是十字型布局容易遮挡相机或摄像头的视角;另一方面是十字型做俯仰和滚转动作时,只有 2 个电机在加减速,而 X 型或 H 型则是 4 个电机都在做加减速。

六旋翼:H 型六旋翼在左右两个机臂上各自均匀分布着 3 个电机,Y 型六旋翼每个机臂上下各有一个电机。

中心板:可采用玻纤、碳纤,也可采用 PBC 沉金板。PBC 沉金板内含分电电路,可省去分电板,节省空间和质量,并便于埋线。

③其他建议。

管型机臂过细、板型机臂和中心板镂空过多、中心板过薄,可能会影响整机的刚性,也可能会带来无法消除的振动、航拍画面出现水波纹、飞控信号噪声较大等副作用。如果无人机质量大于 4 kg,建议机臂碳管直径不小于 16 mm,机架碳板厚度不小于 1.5 mm。

另外需注意,碳纤机架的边缘在开槽和开孔处过于锋利,会与线材摩擦,容易引起线材破损或短路,建议采用打磨边缘、502 封边、胶布覆盖保护、给线材套上蛇皮管等方式消除副作用。

2)电机

目前的无人机通常采用无刷电机,相对有刷电机具有无电刷、低干扰、噪声低、运转顺畅、寿命长和维护成本低等特点。

电机的各项参数一般根据起飞质量(自身质量+载重)和旋翼数量来决定。电机升力选型公式:电机总升力(单个电机升力×电机数量)>起飞质量。通常,起飞质量应该小于电机最大动力时总升力的 40%。如果起飞质量过大,会使电机总是在峰值工作,电机效率会变低,电机振动变大,电机易发热甚至烧毁。

电机的常见品牌有:朗宇、银燕、飓风、T-Motor、致盈动力和新西达等。

3)电调

电调在各类型无人机上都有使用,但根据不同的机型,对电调的要求也不一样,如多旋翼电调的快速响应速度、穿越机电调除了快速响应外还需轻量化体积、暴力飞行穿越机的刹车功能、固定翼电调的柔和和调速曲线、无人直升机电调的大功率等。电调品牌上标的电流是指持续稳定电流,多旋翼无人机多选用 15~40 A 的电调。小四轴通常使用 15 A,航拍机搭载云台时通常使用 40 A 以上,要根据动力需求选取电调电流大小。

如果某个电调上标有 BEC 字样,则表明该电调附带 5 V 电压输出,可用作飞控供电;如果不带 BEC 功能则需要一个单独的电源模块来给飞控供电。

常见品牌:好盈、银燕、T-Motor、DALRC、DYS、中特威蜘蛛、新西达等。

4)电池

根据电机功率和起飞质量决定电池的各项参数,如 3S、35C 等。电池一旦选定就基本上决定了无人机的动力性能和续航时间。电池容量过大飞行效率低,容量过小续航时间缩短。

5)螺旋桨

根据机架的轴距和电机的 KV 值来选择合适的螺旋桨,原则上,电机电压越高、KV 值越高、转速越快,搭配的桨叶越小。

航拍需要稳定和效率,建议选用 APC 桨;大载重建议选用碳纤桨;超大载重建议选用榉木桨。同时,为保证飞行的稳定性,桨叶需要做动平衡,飞行中磕碰桨叶会受伤,建议拆下做动平衡,以保证飞行的稳定。

6)飞控

飞控的性能决定了无人机的稳定性和操控性。价格越低廉的飞控配置越低,自稳控制能力越差。常见品牌有 APM、PIXHAWK 和本书中使用的大疆系列飞控等。

7)遥控器

遥控器决定了无人机的可靠程度和操作手感。对多旋翼无人机来说,遥控器的通道数不得低于 4 个,最好 6 个通道以上,特别是在航拍有云台控制时建议 10 个以上通道。

从频率适合场合来看,2.4 GHz 最为通用,防干扰比较好,多旋翼、固定翼、直升机和航模都可以用;72 MHz 常用于 FPV,40 MHz 多用于无人机直升机,30 MHz、28 MHz、27 MHz 一般用于无人船和无人车。

推荐品牌:Futaba、JR、天地飞、睿思凯等。

8)任务挂载

①图传。

图传主要考虑其发射功率参数,其发射功率和传输距离呈非线性正相关的关系。

摄像头选择:需要考虑传感器、镜头以及其像素或水平解析度等几个参数。CMOS 传感器耗电量低于 CCD 传感器,但 CCD 成像效果要优于 CMOS;像素和水平解析度与图像显示效果呈正相关,60 万像素优于 30 万像素,800TVL 优于 600TVL。

天线选型:天线的类型比较多,如全向天线、平板状天线、八木天线、三叶草或四叶草天线等,应根据实际需要予以选取。

②穿越机 FPV。

穿越机 FPV 也称第一人称视觉,主要是通过模拟信号传输器来传送实时画面,通过 LCD 眼镜或显示器来实时观看传输回来的视频。

a. 相机:建议选择小型的安全类型的机载相机,这种相机通常没有外壳,镜头直接安装在印制电路板(PCB)上。因此,安装时要尽量将机体的振动降到最低,避免画面质量模糊不清。相机选型时需要注意的几个指标:较高的分辨率、较好的动态曝光、宽动态范围(WDR)的曝光补偿(不会产生高光溢出和分段阴影)等。推荐采用大厂商的 700 线相机或 800 线相机。

b. FPV 发送器和接收器:在不违反当地无人机管制的前提下,常用频率 2.4 GHz、5.8 GHz、

1.2 GHz 和 900 Hz。其中,900 Hz 拥有优秀的障碍物穿透力;5.8 MHz 适合于开阔场地,传输范围远但穿透力不好;2.4 GHz 多为遥控器频率,为避免产生干扰,应与遥控频率分开。

c.附加电源:FPV 发送器的传输功率通常为 100～500 mW,如果想增大飞行范围,必须配备更强的电源单元。

③航拍。

航拍要装载相机、无线控制器和图传等。通常使用运动相机,如 Gopro 等;如果只是拍照,常规相机也是不错的选择,例如 SONY 的 QX100 等。但是要确保挂载相机后总质量在电机能够承受的范围之内。相机选择时需考虑的因素包括相机质量、像素、是否内置 Wi-Fi、防振器、平衡环等。

多旋翼无人机的飞行过程是动态的,并且机架还会产生一定的振动,要保证摄影的稳定,配备一个云台是非常必要的。通常会使用无刷云台,它通过控制板控制无刷电机来抵消空间位移,保证摄像不晃动。

航拍时,螺旋桨的振动可能会带来"果冻效应"。使用 CMOS 传感器的相机多数采用卷帘快门,它是通过图像传感器逐行曝光的方式实现的,如果被拍摄物体相对于相机高速运动或快速振动时,用卷帘快门方式拍摄的逐行扫描速度不够,拍摄结果就可能出现倾斜、摇摆不定或部分曝光等情况,这种现象就是"果冻效应"。"果冻效应"的出现是由电机和螺旋桨的振动引起的,解决的方法就是平衡螺旋桨。

④航测。

航测首选具有固定焦距的数码相机,确保照片之间的重叠,包括航向重叠、旁向重叠和统一的亮度等。

(4)硬件匹配

多旋翼无人机硬件匹配的一般步骤:根据起飞质量选配电机参数,再根据电机最大电流选配电调和电池。

1)电机与起飞质量的匹配

①根据起飞重量的设计要求,选配合适的电机参数。

②依据电机参数确定的最大电流,匹配合适的电调和电池。

③电调的输出电流必须大于电机的最大电流,但也不能过大,否则会降低其性价比。

④电池的输出电流也必须大于电机的最大电流,但也不能过大,否则会增加无人机的负载,影响飞行的机动性,同时还可能缩短飞行时间。

举例:现有电机带桨的最大负载是 20 A 电流,那么就要选取电调能输出 20 A 以上电流,比如 25 A、30 A、40 A 的电调都可以,电池也是一样的。

2)电调与电机的匹配

①电调最大电压≤电机最大电压(或最高承载电压),否则电机会被烧毁。

②电调最大电流≥电机最大电流(最高承载电流),否则电机发挥不了最优性能。

通常,保证电调稳定持续输出电流尽量大于电机的工作电流,避免电调持续高负荷运转而损坏。

3)电池与电调的匹配

①电池电压≤电调最高承载电压≤电机最高承载电压,否则电调会烧毁。

②电池电流≥电调最大电流≥电机最高承载电流,否则电调发挥不了最高性能,电池发热。

4)电机与螺旋桨的匹配

①高转速(KV值)电机配小桨:KV值越大,在同等电压下转速越高,扭力越小,应配小的高速桨。如果桨叶匹配过大,电机会超负荷,容易引起电机过热而烧毁电机和电调。

②低转速(KV值)电机配大桨:KV值越小,在同等电压下转速越低,扭力越大,应配大的低速桨,如果桨叶匹配过小,则推力不足,无法充分发挥电机的性能,很可能无法起飞。

每个电机都会有一个推荐的螺旋桨尺寸。航拍通常选用低KV值电机配大桨,转速低,效率高,且低转速电机的振动也小。

5)螺旋桨与机架的匹配

桨越大对无人机所产生的反扭矩越大,所以桨叶的大小与机架大小也有着一定匹配关系,而且机架越大,起飞质量越重,需要更大的升力,桨的尺寸也相应要大些。但也不能过大,否则桨叶相距太近,造成气流干扰甚至打桨,出现安全事故。

5.4.3 装调要求

(1)机械部分

1)装配前的准备

①装配资料:包括总装配图、部件装配图、零件图、物料BOM表等,直至项目结束,必须保证图纸的完整性、整洁性以及过程信息记录的完整性。

②装配场所:零件摆放、部件装配必须在规定作业场所内进行,整机摆放与装配的场地必须规划清晰,直至整个项目结束,所有作业场所必须保持整齐、规范、有序。

③装配材料:作业前,按装配流程规定的装配物料必须按时到位,如果有部分非决定性材料没有到位,可以适当改变作业顺序。

④装配前应了解设备的结构、装配技术和工艺要求。

2)基本原则

①机械装配应严格按照设计提供的装配图纸及工艺要求进行装配,严禁私自修改作业内容或以非正确的方式更改零件。

②装配的零件必须是合格的零件,装配过程中若发现不合格零件,应及时更换。

③装配环境要求清洁,不得有粉尘或其他污染。零件应存放在干燥、无尘、有防护措施的场所。

④装配过程中零件不得磕碰、切伤,不得损伤零件表面,或使零件有明显弯、扭、变形,零件间的配合表面也不得有损伤。

⑤相对运动的零件,装配时接触面之间应加润滑油(脂)。

⑥装配零件的配合尺寸要准确。

⑦装配时,零件、工具应有专门的摆放设施,原则上零件、工具不允许摆放在机器上或直接放在地上,如果需要,应在摆放处铺设防护垫或地毯。

3)装配检查工作

①每完成一个部件的装配,都要按以下的项目进行检查,如发现装配有问题应及时分析并解决。

a.装配工作的完整性检查,要核对装配图纸,看有无漏装的零件。

b.各零件安装位置的准确性,核对装配图纸并按装配规范要求进行检查。

c.各连接部分的可靠性,各坚固螺钉是否达到装配要求的扭力,特殊的坚固件是否达到防止松脱的要求。

d.活动件运动的灵活性,如传动机构在运转时,是否有卡滞现象,是否有偏心或弯曲现象等。

②总装完毕主要检查各装配部件之间的连接。

③总装完毕应清理机器各部分的铁屑、杂物、灰尘等,确保各传动部分没有障碍物存在。

(2)电气部分

无人机电气部分产品的装配工作是无人机装配中一个重要环节,装配时使用专业的设备及工具,根据电路图将电子元器件、电路板、飞控、分电板等电子产品规范、正确、合理地装配成一个整体。

1)安全警示

在电子产品装配的过程,首先要确保操作人员及设备的安全,在进行装配操作前,应检查安装环境的安全以及供电设备的安全,关注产品装配的注意事项。

①安装环境的安全:装配场所应注意保持整洁,且装配环境应保持适当的温湿度。装配场地内外不应有强烈的振动和干扰电磁场,装配台、工作人员和部分工作场地应采取静电防护措施。另外,工作场地必须具备消防设施,且灭火装置应适用于灭电气起火。

②供电设备安全:装配环境中所有的电源开关、插头、插座和电源线等,必须保证绝缘安全,所用电器材料的工作电压和工作电流都不能超过额定值。

2)电子产品装配的注意事项

①装配前,要熟悉各种测量仪器、仪表的连接和使用方法,检查其连接是否正确,避免由于仪器使用不当或故障引起装配出现错误或误差。特别要注意的是,测量用的仪器、仪表的地线应和被测电路的地线连在一起,确保测量结果的准确性。

②装配过程中,经常使用电烙铁、吸锡器等焊接工具,由于焊接工具是在通电的情况下使用的,并且温度很高,因此装配人员要正确使用焊接工具,以免烫伤。焊接工具使用完成后,要将电源切断,放到不易燃的窗口或专用电烙铁架上,以免引起易燃物燃烧,发生火灾。

③要注意严格按工艺要求进行操作,认真观察和测量参数数据,记录和整理测量结果,发现问题应及时分析并解决,切不可盲目操作。

④装配人员在对电子产品装配前,应先对人身进行放电,以免由于身体带电(静电)造成电子产品损坏,或佩戴防静电手套、防静电环操作。

(3)调试基本原则

1)先后原则

①先简单,后复杂。

②先部件,后整体。

③先内部,后外部。

④先机械,后电气。

⑤先静态,后动态。

⑥先清洁,后维修。

⑦先电源,后设备。

⑧先普遍,后非凡。

⑨先故障,后调试。

⑩先开环,后闭环。

⑪先无桨调试,后有桨调试。

⑫先阻性负载,后电机负载。

2)检查原则

①检查电气元器件:参照电路图和电气元器件明细表检查系统中各设备、元器件的型号、规格及位置。特别要仔细检查分电板电压输出值是否正确,飞控、接收机、图传、电调等电源是否正确。

②检查电路:参照电路图和电气连接图检查实际线路连接是否正确,并用万用表检查线路的通断,检查接线端子连接是否牢固可靠,导线型号、规格是否符合规定。

③检查绝缘:将全部电子元器件的插件拔出,检查是否有破损。

④检查安装:检查各插头连接是否可靠,各传动装置和设备的安装是否良好,以及所有开关的位置能否满足控制的要求。

⑤上电前应进行短路检查和断路检查。

⑥改遥控器通道正反向设置时,一定要拆下动力电池。

5.4.4 试飞原则

(1)通电前

1)机械部分检查

①检查螺旋桨是否完好,是否有异物或裂纹,正反桨安装是否正确和牢固,桨与桨之间是

否有干扰。

②检查电机安装座是否牢固,转动电机是否有卡滞现象,电机线圈内是否洁净,电机轴有无明显弯曲。

③检查机架是否牢固,螺钉有无松动。

④检查云台舵机转动是否顺畅,有无干扰,云台、相机安装是否牢固。

⑤检查电池是否固定。

⑥检查重心位置是否正确。

2)电气部分检查

①检查各插头连接是否紧固,插头与电线焊接部分有无松动。

②检查各电线外皮有无剐蹭脱皮现象。

③检查电子设备是否安装牢固,应保证电子设备清洁、完整并做好防护。

④检查磁罗盘、IMU、飞控等的指向是否正确。

⑤检查电池有无破损、胀气、漏液现象,测量电压是否足够。

⑥检查遥控器模式是否正确,电量是否充足,开关是否完好。

(2)通电后

①先开遥控器,再给无人机通电。

②飞控提示音是否正确。

③电调提示音是否正确。

④电源开启后,相机和云台工作是否正常。

⑤各电子设备有无不正常发热现象。

⑥各指示灯是否按正常状态闪烁。

(3)预飞行

①轻推油门杆,观察各个旋翼工作是否正常。微型无人机在保证安全的前提下可用手举起无人机前后左右晃动,看无人机是否有自稳的趋势。稍大点的无人机可放置地面轻推各控制摇杆,看无人机动作趋势是否正确。

②进行前后左右飞行、自旋,观察无人机飞行是否正常,检查遥控器舵量是否正常,各工作模式是否正确,云台有无正常反应。

③先进行简单的航线飞行,如矩形航线,然后进行几个大机动飞行,观察无人机工作是否正常。

多旋翼无人机飞行速度可达到 40 km/h 以上,如果发生失控、坠落等意外情况,后果不堪设想。因此,一名合格的飞手不仅要做缜密的飞行前准备,还要密切留意无人机在飞行中的各种状态,同时还要定时对无人机进行维护保养。

（4）飞行中

①飞手应时刻清楚无人机的姿态、飞行时间、位置及各种状态。

②确保无人机与人处于安全距离。

③确保无人机电量足够其返航并安全降落。

④若远距离或超视距操控，监控人员应密切监视地面站中无人机飞行高度、飞行速度、电池电压、卫星数量等关键信息，如发现意外情况应及时告知操控人员。

⑤若出现飞行中丢失卫星导致无人机失控时，要切换飞行模式重新获得无人机操控权，尽快降落。

⑥无人机远距离丢失姿态信息时，应保持冷静，可通过轻微调整摇杆观察其移动方向，重新清楚其姿态。

⑦自动返航是一项保障功能，由于其返航成功与否涉及因素较多，不能确保万无一失，一般不主动使用，只作为无人机飞行安全的额外保障。

⑧若无人机发生较大故障，应先确保人员安全。

（5）飞行后

①无人机降落后，确保遥控器已锁定，先切断无人机电源，再关遥控器。

②检查电池电量，检查无人机各部件是否受损。

③整理并撤收全部设备。

项目小结

①从内容上说，本项目重点学习的是多旋翼无人机调试工作中最基础也是比较重要的软件级调试内容，包括飞控调参、遥控器与接收机调试、动力系统的相关调试等。虽然，与多旋翼无人机的硬件结构相比无人机、直升机和固定翼无人机来说较为简单，但是在一些工业级多旋翼无人机中也存在较复杂的结构，如装有自动收放机构、折叠机臂、喷洒装置的机型，需要进行机械结构的调试，这些调试请根据工业级无人机产品说明进行。

②从过程上说，多旋翼无人机的调试分为无桨调试和有桨调试。

a. 无桨调试的内容包括：

●连接所有线路，接通电源，进行首次通电测试，检查飞控、电调、电机和接收机是否正常通电，检查有没有出现短路或断路现象；

●检查遥控器，进行对码及相关设置；

●将飞控连接到计算机，用调参软件对飞控进行参数设置；

●接通电源用遥控器解锁飞控，推动油门检查各个电机的旋转方向是否正确。

b. 有桨调试的主要内容包括：

● 根据电机转向正确安装螺旋桨；

● 通过系留绳或安全防护网等方式进行首次离地飞行,确保人员和设备安全；

● 飞行测试,通过飞行状态检验飞行器是否能正常飞行。

无论是无桨调试还是有桨调试,均应严格遵守安全操作规程,避免事故发生。

③多旋翼无人机装调的核心要求是对各部件结构参数的深度理解和部件之间匹配关系的正确把握。除靠不断装调积累经验外,对多旋翼无人机的基本理论知识也要有比较全面深入的学习和了解,既要知其然,又要知其所以然。只有这样才能真正地熟悉和掌握,最终去更好地应用。

习　题

一、选择题(概念记忆)

1.悬停状态下,多旋翼飞行器单个旋翼形成(　　)。

A.正锥体　　　　　　　　　　B.平面　　　　　　　　　　C.倒锥体

2.多轴定点转与 10 m/s 前进速度转,哪个横滚角大(　　)。

A.定点转　　　　　　　　　　B.10 m/s 前进速度转　　　　C.一样大

3.下列哪个因素对多轴航拍效果影响最大(　　)。

A.风速　　　　　　　　　　　B.负载体积　　　　　　　　　C.负载类型

4.多轴飞行器常用螺旋桨的剖面形状是(　　)。

A.对称型　　　　　　　　　　B.凹凸型　　　　　　　　　　C.S 型

5.如不考虑尺寸、结构、安全性等因素,单从气动效率出发,同样起飞质量的 8 轴和 4 轴飞行器(　　)。

A.4 轴效率高　　　　　　　　B.8 轴效率高　　　　　　　　C.效率一样高

6.遥控器设置电调,需要(　　)。

A.断开电机　　　　　　　　　B.接上电机　　　　　　　　　C.断开动力电源

7.多轴飞行时地面人员手里拿的"控"指的是(　　)。

A.地面遥控发射机　　　　　　B.导航飞控系统　　　　　　　C.链路系统

8.多轴飞行器的遥控器一般有(　　)。

A.2 个通道　　　　　　　　　B.3 个通道　　　　　　　　　C.4 个及以上通道

9.部分多轴飞行器螺旋桨加有外框,其主要作用是(　　)。

A.提高螺旋桨效率　　　　　　B.增加外形的美观　　　　　　C.防止磕碰提高安全性

10.某多轴飞行器螺旋桨标有"CW"字样,表明该螺旋桨(　　)。

A.俯视多轴飞行器顺时针旋翼　　B.俯视多轴飞行器逆时针旋翼

C.该螺旋桨为"CW"牌

11. 多轴飞行器在没有发生机械结构改变的前提下,如发生漂移,不能直线飞行时,不需关注的是(　　)。

　　A. GPS 定位　　　　　　　　B. 指南针校准　　　　　　　C. 调整重心位置

12. 在多轴飞行任务中,触发失控返航时,应如何打断飞控当前任务,取回手动控制权(　　)。

　　A. GPS 手动模式切换　　　　B. 云台状态切换　　　　　　C. 航向锁定切换

13. 多轴飞行器定点半径画圆飞行时,如何能得到最佳航拍画面(　　)。

　　A. 平移画面　　　　　　　　B. 绕圈一周　　　　　　　　C. 边绕圈边上升

14. 多轴航拍中往往需要使用相机的位移补偿功能,使用此功能的原因是(　　)。

　　A. 飞行器速度　　　　　　　B. 风速　　　　　　　　　　C. 飞行器姿态不稳

15. 使用多轴飞行器在低温及潮湿环境中作业时的注意事项,不包括(　　)。

　　A. 曝光偏差　　　　　　　　B. 起飞前动力电池的保温

　　C. 飞行器与摄像器材防止冰冻

16. 下列哪种方式可以使多轴飞行器搭载的摄影装备拍摄角度实现全仰拍摄且不穿帮(　　)。

　　A. 多轴飞行器使用折叠式云台　　B. 多轴飞行器搭载下沉式云台

　　C. 多轴飞行器搭载前探式云台

17. 旋翼机下降过程中,正确的方法是(　　)。

　　A. 一直保持快速垂直下降　　B. 先慢后快　　　　　　　　C. 先快后慢

18. 多轴飞行器的螺旋桨(　　)。

　　A. 桨根处升力系数小于桨尖处升力系数

　　B. 桨根处升力系数大于桨尖处升力系数

　　C. 桨根处升力系数等于桨尖处升力系数

二、简答题(知识点理解)

1. 写出遥控器与接收机对码的步骤。

2. 画图说明 NAZA-M Lite 飞控调试中如何设定 DPS 的位置参数?

3. 写出 3 种控制模式的具体含义及设置方法。

4. 如何进行磁罗盘校准? 校准过程中应注意哪些问题?

5. 无桨调试和有桨调试的具体内容分别有哪些?

6. 多旋翼无人机起飞前需要检查的内容有哪些?

7. 研讨:什么是 DIY 精神? DIY 多旋翼无人机有哪些主要步骤?

三、操作题：完成下述表格（实训跟踪）

<table>
<tr><td colspan="7">F450 全系统联合调试操作训练与考核自我评价</td></tr>
<tr><td>设备编号</td><td></td><td>操作日期</td><td></td><td>小组编号</td><td></td></tr>
<tr><td>小组成员</td><td></td><td></td><td></td><td>操作者姓名</td><td></td></tr>
<tr><td>开始时间</td><td></td><td>结束时间</td><td></td><td>考核评分</td><td></td></tr>
<tr><td colspan="7">实训内容与评分标准</td></tr>
<tr><td>序号</td><td>项目</td><td colspan="2">内容</td><td>分值</td><td>扣分标准</td><td>得分</td></tr>
<tr><td rowspan="5">1</td><td rowspan="5">操作前准备</td><td colspan="2">着装统一</td><td rowspan="5">5</td><td>不统一，扣 0.5 分</td><td></td></tr>
<tr><td colspan="2">队列规范</td><td>不规范，扣 0.5 分</td><td></td></tr>
<tr><td colspan="2">设备、工具、耗材准备</td><td>准备不到位，扣 1 分</td><td></td></tr>
<tr><td colspan="2">外观检查</td><td>检查不到位，扣 1 分</td><td></td></tr>
<tr><td colspan="2">操作前安全检查</td><td>未检查，扣 1 分</td><td></td></tr>
<tr><td rowspan="6">2</td><td rowspan="6">遥控器设置</td><td colspan="2">熟练进行遥控器功能菜单操作</td><td rowspan="6">25</td><td rowspan="2">操作内容生疏最少扣 5 分</td><td></td></tr>
<tr><td colspan="2">遥控器对码</td><td></td></tr>
<tr><td colspan="2">通道配置与模式设置</td><td rowspan="2">操作方法错误最少扣 10 分</td><td></td></tr>
<tr><td colspan="2">油门行程校准</td><td></td></tr>
<tr><td colspan="2">定时器设置</td><td rowspan="2">操作不规范最少扣 3 分</td><td></td></tr>
<tr><td colspan="2">教练功能设置</td><td></td></tr>
<tr><td rowspan="6">3</td><td rowspan="6">飞控调参</td><td colspan="2">调参软件安装</td><td rowspan="6">30</td><td rowspan="2">操作内容生疏最少扣 5 分</td><td></td></tr>
<tr><td colspan="2">设置多旋翼类型</td><td></td></tr>
<tr><td colspan="2">设置 GPS 安装位置</td><td rowspan="2">操作方法错误最少扣 10 分</td><td></td></tr>
<tr><td colspan="2">遥控器校准</td><td></td></tr>
<tr><td colspan="2">马达调制</td><td rowspan="2">操作不规范最少扣 3 分</td><td></td></tr>
<tr><td colspan="2">失控保护设置</td><td></td></tr>
</table>

续表

序号	项目	内容	分值	扣分标准	得分
4	无桨调试与有桨调试	无桨调试内容概述	30	记不住内容至少扣 5 分	
		磁罗盘校准		不能进行校准扣 5～10 分	
		飞行前检查内容		记不住内容至少扣 5 分	
		飞行整体测试		不能正确操作扣 5～10 分	
5	操作安全	人身安全	6	损坏工具最少扣 3 分,出现较严重安全事故终止操作,总评定为不及格	
		训练设备无损坏			
		工具使用规范			
6	操作后整理	操作台面清理	2	未清理,扣 1 分	
		训练设备与工具整理		整理不到位,扣 1 分	
7	操作时间	各任务完成时间为 45 min	2	超 1 min 扣 0.5 分扣完为止	
说明	"操作过程"是指按教材中的"操作步骤"正确完成实训内容;扣分时标准分扣完为止				

项目 6　模拟飞行训练

 导学

当我们成功装调了一架多旋翼无人机后,是不是渴望立即享受飞行的乐趣呢? 别急! 虽然多旋翼无人机结构相对简单,但操纵仍具备一定难度,频繁的"炸机"不仅会带来高昂的经济成本,还存在很大的安全隐患。因此,对于初学者来说,练习模拟器是成为无人机飞手的第一步。用计算机进行模拟飞行的好处可概括如下:

(1)机型丰富:常见的模拟飞行训练系统都会提供包括固定翼、直升机和多旋翼等各种机型的训练,而且模拟器的飞行数据完全来自真机,使你轻松体验各种机型的飞行操控感觉。

(2)训练高效:一套简易的模拟训练系统一般由一个模拟的遥控器、训练软件和连接线组成,模拟的遥控器除了不能操控真机外,其外形尺寸、操纵手感和相关设置几乎与真遥控器一样,有的甚至就是真遥控器加一个加密狗即可实现! 因此,模拟操控可以获得和操控真机一样的真实体验,其主要的训练目的就是使初学者养成良好的操控习惯,建立条件反射,提高训练效率。

(3)练习方便:可以在计算机里设置不同的场地和天气状态,不用考虑无人机真实飞行时的设备影响,只要有一台计算机,就可随时随地、随心所欲地利用软件中自带的教学或训练模式反复练习。

(4)避免损失:在计算机中磨练操控技能,有效减少新手在真实飞行时因"炸机"而造成的经济损失,大大降低安全风险。

本项目中,我们选择目前主流使用的 Phoenix RC(凤凰)模拟器为主训软件,在学会软件安装与调试的基础上,从模拟训练的系统性角度,全面介绍旋翼类无人机和固定翼飞机的模拟操纵方法。

训练目标

知识目标
①打开凤凰模拟器软件,能够说出其界面与功能;
②以 Rex 700E G 直升机为例,说出旋翼机模拟飞行训练内容与标准;
③以 Aoorentice 5e 为例,说出固定翼模拟飞行训练内容与标准;
④解释五边航线飞行动作要领。
能力目标
①正确进行凤凰模拟器安装与配置;
②完成旋翼机模拟飞行训练内容并达到训练标准;

③完成固定翼模拟飞行训练内容并达到训练标准。

素质目标

①树立吃苦耐劳的精神；

②养成持之以恒的学习态度；

③养成设备专业实训室 6S 管理的良好工作习惯；

④形成严格的安全操作意识。

任务 6.1　模拟飞行软件的安装与调试

凤凰模拟器
安装配置

6.1.1　常用模拟器的种类及特点

目前市面上的模拟器软件种类很多，比较有名的有 RealFlight、Reflex XTR、AeroFly、Phoenix RC 等。

（1）RealFlight

RealFlight 模拟器是目前拟真度较高、拥有细腻设定、画面表现极其优异的一款模拟飞行软件。该模拟器画面完美，3D 场景宏大，从天空云彩的颜色到机体排烟的浓淡都可以设置。模拟飞行中还可在界面上显示机体各项数据，如螺距、主旋翼转速等。

RealFlight 模拟器的飞行场景相当真实，对风的特性拟真度极高，持续风、阵风、随机风向等可以任意选择。具备飞行录制功能，可记录训练过程供后期观看和查找问题，观看飞行录制视频时还可以显示摇杆的动作。

模拟器音乐效果良好，引擎及主旋翼的声音都栩栩如生，可在飞行中播放自选背景音乐（MP3 格式）；同时具备网络连线功能，可与他人连线飞行，增加模拟器练习中的乐趣和竞争性。

该款模拟器版本更新较快，厂商一般会在线公布升级文档，可线上更新。目前的最新版本是 RealFlight G9，如图 6.1 所示。该版本含有大量不同的机型，拥有全新的飞行训练功能，可以帮助你掌握驾驶飞机所需的基本技能，当你完全掌握这款模拟器时，你差不多已经是半个飞行驾驶员了。

缺点：价格昂贵，硬件配置要求较高，安装困难。

（2）Reflex XTR

Reflex XTR 是产自德国的一款飞行模拟器，如图 6.2 所示。该模拟器直接连接计算机和遥控器，手感和调协与真正的飞机完全相同，只是视觉效果稍差。模拟器内置几十种直升机、固定翼机、滑翔机等飞机模型，让用户可以对自己的飞行器和飞行环境进行设置，模拟不同机型在不同环境中飞行。效果比较好,安装设置简单,汉化版本比较完善,适合初学者使用,但该款模拟器必须配合专用的硬件加密狗才能使用。该款模拟器设有专门的练习模式,从易到难,可以有针对性地练习各种动作(如固定翼吊机练习、直升机悬停练习、倒飞练习等)。

除拥有众多的机种和机型外,Reflex XTR 模拟器还可以根据用户喜爱设计一款只属于自己的特殊机型,包括对翼展、翼弦、翼型、发动机大小、桨的尺寸、涂装等的设定。此外,该模拟器也可以在局域网中多人联网飞行,体验多人同时飞行的乐趣。

图 6.1 RealFlight G9 模拟飞行软件

图 6.2 Reflex XTR 飞行模拟器

(3) Phoenix RC

Phoenix RC 也称凤凰模拟器,如图 6.3 所示,全称是 Phoenix Model Flight Simulalion。从其程序和接口的设计风格上看,和 Reflex XTR 有很深的渊源,它吸收了其设置简单的优点,并且有自己的特色。

作为一款专业的、在世界范围非常流行的飞行模拟训练软件,Phoenix 包含上百种固定翼和直升机模型,新近推出的5.5 版本甚至还可以在线更新下载 DJI 精灵四轴无人机模型,这是训练多旋翼无人机操作方式中最常用的模型,操作性和真实性更加优越,能体验更真实的飞行方式。

在 Phoenix RC 模拟器中,可以自由选择飞行场景、飞行时的天气状况等。该款模拟器还可以对模型的数据进行设置,如直升机的桨距等参数。同样可以提供专门的多旋翼悬停训练模式,还可以多机联训,特别是其自带的比赛模式,不仅能增加训练的趣味性和刺激性,而且功能十分强大。

上述几款模拟器都很优秀,各有所长,可以根据需求挑选适合自己的产品。本书选用Phoenix RC 模拟器作为实例进行讲解。

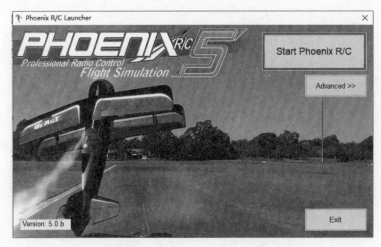

图 6.3　Phoenix RC 飞行模拟器

6.1.2　凤凰模拟器安装与配置

(1)准备

一套完整的凤凰模拟器应该包括:

①遥控器。可以是专门用于模拟飞行训练的遥控器,内置加密狗且价格便宜,也可以是操控真实飞机(航模或无人机)的遥控器,但需要外置加密狗;

②USB 接口的 Phoenix 专用连接线,用于计算机和遥控器之间的连接;

③正版 Phoenix 软件安装 DVD,也可以是从其他渠道得到的带有 Phoenix 安装包的 U 盘。

以上设备和软件安装包一般都以成套形式出售,如图6.4 所示。除此以外,我们还需要一台台式或笔记本电脑,最低配置要求如下:

送光盘

图 6.4　飞行模拟器套装

a. 具有 1.0 GHz Pentium 3/4 或 AMD Athlon/64 兼容处理器;

b. Microsoft Windows XP、Windows Vista 或 Windows 7 及以上版本操作系统;

c. 256 MB 系统内存(RAM);

d. 1.5 GB 空闲未压缩硬盘空间;

e. 带至少 128 MB 内存的兼容显卡;

f. Microsoft DirectX 9.0c 或更高版本;

g. 用于安装的 DVD-ROM 驱动器;

h. 至少 1 个免费 USB 1.1/2.0 端口；

i. 100% DirectX 9 兼容声卡(可选)。

（2）安装

①将 DVD 安装光盘插入计算机的 DVD-ROM 驱动器,然后等待"自动播放"菜单出现。

②选择"运行 Setup. exe",进入安装向导。

③按照屏幕上的说明逐步将 Phoenix 安装到计算机上。

④程序安装成功后,会在 Windows 桌面上创建一个"PhoenixRC"图标,如图 6.5 所示。双击此图标即可启动程序,进入模拟飞行操纵界面。

①如果 DVD—ROM 光驱的"自动播放"功能被禁用,或者用 U盘执行安装操作,可在安装的软件包中找到"SetupFiles"文件夹,然后双击该文件夹中的"Setup. exe"文件,同样可以启动安装过程。

图 6.5　凤凰模拟器快捷图标

②安装过程中,系统可能会询问是否要"安装 Microsoft DirectX",这是因为要提供模拟器运行所需的相关插件,不然可能会无法打开模拟器,所以建议该文件必须安装。即使是从网上下载的模拟器安装文件,也需要对该文件进行及时更新。

（3）配置遥控器

第一次加载模拟器时,系统将会弹出"初始设置向导"对话框,如图 6.6 所示。该向导将引导我们完成一些遥控器校准和基本选项设置等配置性工作,因为系统需要知道当前遥控器各操纵杆的最大行程、各通道和开关的功能设置等参数,才能在虚拟环境中正确操纵各类模型。所以,当你第一次使用模拟器、或者训练中想更换一个新的遥控器、又或者在遥控器杆舵与个人感觉不匹配时,都可以进行遥控器配置操作,以保证模拟训练器的正确运行。

1）遥控器校准

遥控器校准就是确定遥控器上各个舵杆、滑块和开关的中位和全部行程范围。中位可理解为起始位置,是操纵虚拟模型飞机的初始参照,而行程则是控制模型飞机的运动幅度。遥控器校准的步骤如下：

①在图 6.6 中单击下一步按钮,进入如图 6.7 所示界面,该界面提醒你为满足更专业的模拟训练要求,需要对当前遥控器进行一些必要的初始设置。对于初学者而言,该界面中的某些术语可能因太专业而不甚理解,但不会影响后续的安装过程,所以此阶段可以不予理会。

②在图 6.7 中直接单击下一步按钮,进入如图 6.8 所示界面,该界面对校准遥控器的具体步骤予以事先提示,请认真阅读并理解,无须进行任何操作。

③在图 6.8 中直接单击下一步按钮,进入如图 6.9 所示界面,该界面提醒你应将遥控器的各功能开关设置为默认位置,一般不需要进行任何操作。

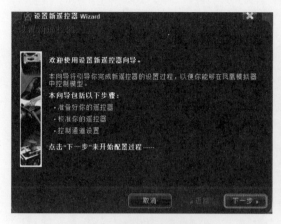

图 6.6 遥控器配置安装向导

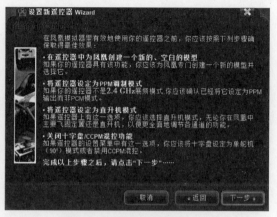

图 6.7 遥控器初始设置

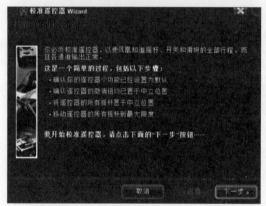

图 6.8 遥控器校准步骤提示

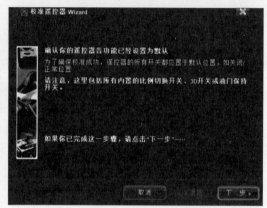

图 6.9 遥控器各功能设置为默认

④在图 6.9 中直接单击下一步按钮,进入如图 6.10 所示界面。界面中的 4 个红色箭头以动画形式提示你,将遥控器上的两个操纵舵杆以及舵杆旁边的 4 个微调滑块移动到中立位置。一般情况下,遥控器的两个舵杆中有一个为弹杆,具有自动回中功能,所以只需要对另一个舵杆进行中位设置即可。

⑤完成中位设置后,在图 6.10 中单击下一步按钮,进入如图 6.11 所示界面,该界面用于确定遥控器上两个操纵舵杆的最大行程。请按图中动画所示,缓慢而完整地用两个舵杆完成画圆操作,并确保两个舵杆均触及到了四角。在画圆的过程中,你可以同时看到右边各个通道中的行程量变化情况。

⑥完成舵杆行程设置后,在图 6.11 中单击下一步按钮,进入如图 6.12 所示界面,该界面用于确定遥控器上所有开关的最大行程。请按图中动画所示,来回拨动各个开关,以确定其行程量。

⑦完成开关行程设置后,在图 6.12 中单击下一步按钮,进入如图 6.13 所示界面,该界面提醒你对遥控器的中位和行程校准工作是否完成,以及校准不正确需要怎么处理等事项。正常情况下,只要是严格按照上述步骤都能正确完成遥控器的校准操作。

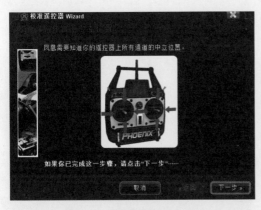

图 6.10　遥控器中位设置

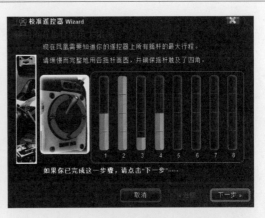

图 6.11　遥控器舵杆行程设置

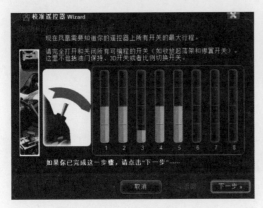

图 6.12　遥控器开关行程设置

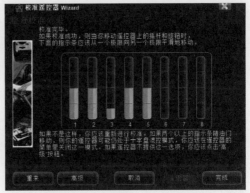

图 6.13　遥控器校准完成提示

2）设置新遥控器

遥控器校准完成后,我们还需要进一步让模拟器知道当前遥控器上的各个通道对应控制模型飞机上的哪一个操纵功能,以便在模拟训练系统中正确操纵飞机完成相应动作。下面我们以美国手为例说明遥控器的配置过程。

①在图 6.13 中,单击完成按钮,进入如图 6.14 所示界面,该界面用于提醒你配置遥控器的目的和配置过程中要注意的一些问题,请认真阅读界面中的文字说明。

②单击图 6.14 中的下一步按钮,进入如图 6.15 所示界面,该界面意在提醒我们根据自己的操纵习惯选择一种品牌遥控器或创建一个新的遥控器。对于初学者来说,建议选择默认状态。

③在图 6.15 中,直接单击下一步按钮,进入如图 6.16 所示界面,开始新遥控器配置。

④单击图 6.16 中下一步按钮,进入如图 6.17 所示界面。在不断闪烁的文本框内输入遥控器配置文件的名称,然后选择快速设置选项。

⑤单击图 6.17 中下一步按钮,进入如图 6.18 所示界面,该界面提醒我们进行舵杆回中操作。

⑥在图 6.18 中,确认各舵杆居中后,单击下一步按钮,进入如图 6.19 所示界面,该界面用于对控制油门的舵杆进行设置。对于美国手来说,遥控器左侧舵杆的上下移动用于控制油

171

门。请按图中动画演示和相关文字说明完成相应操作,并注意舵杆的进度条是否达到最大和最小行程。

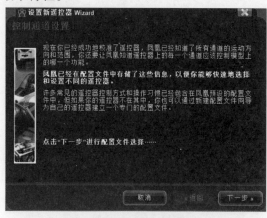

图6.14　遥控器配置提示

图6.15　遥控器配置选择

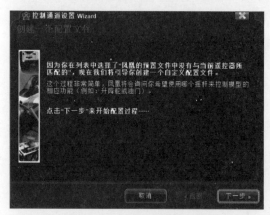

图6.16　开始配置新遥控器

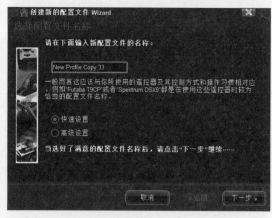

图6.17　给遥控器配置文件命名

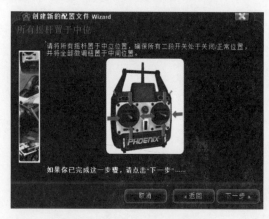

图6.18　再次进行舵杆居中操作

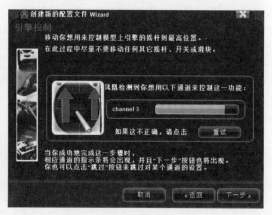

图6.19　设置油门操纵舵杆

⑦单击图6.19中的下一步按钮,进入如图6.20所示界面,该界面用于直升机的桨距设

置,这是直升机飞行训练中的关键步骤之一,设置方法同上。

⑧单击图 6.20 中的下一步按钮,进入如图 6.21 所示的方向舵设置界面。对于美国手来说,遥控器左侧舵杆的左右移动用于控制模型飞机的方向。请按图中动画演示和相关文字说明完成相应操作,并注意舵杆的进度条是否达到最大和最小行程。

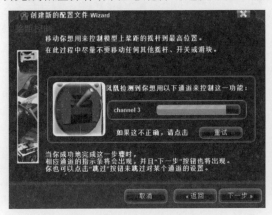
图 6.20　螺旋桨桨距设置

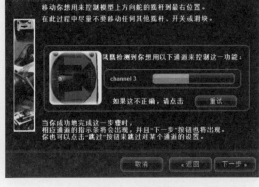
图 6.21　方向舵设置

⑨单击图 6.21 中的下一步按钮,进入如图 6.22 所示的升降舵设置界面。美国手的升降舵是指遥控器上右侧舵杆的上下方向,请按图中动画演示和相关文字说明完成相应操作。

⑩单击图 6.22 中的下一步按钮,进入如图 6.23 所示的副翼设置界面。美国手的副翼是遥控器上右侧舵杆的左右方向,请按图中动画和文字说明完成相应操作。

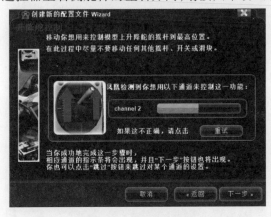
图 6.22　升降舵设置

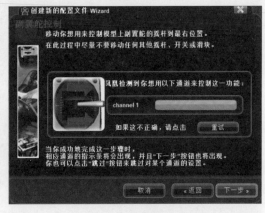
图 6.23　副翼设置

⑪单击图 6.23 中的下一步按钮,进入如图 6.24 所示的起落架设置界面,这是针对轮式起降的固定翼飞机而专门设计的。由于目前常见的小型固定翼无人机很少设计有起落架收放功能,此处可直接跳过。

⑫单击图 6.24 中的 Skip 按钮,会弹出一个类似于该图的用于设置襟翼的界面。建议单击 Skip 按钮直接进入如图 6.25 所示的界面。至此,遥控器配置操作全部完成。如果飞行训练中,某个控制通道的反应与我们所预想的不同,则应该按照上述步骤重新进行一次遥控器配置工作。

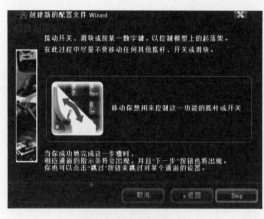

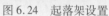

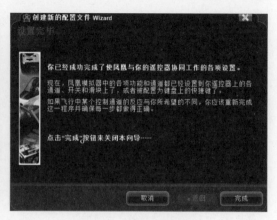

图 6.24　起落架设置　　　　　　　　图 6.25　遥控器配置完成

（4）软件基本操作

第一次进入 Phoenix 模拟器的界面如图 6.26 所示。事实上,如果已经按前述步骤正确地进行了遥控器校准和设置,那么在当前界面就可以开始模拟训练并享受飞行的乐趣了。为提高训练效率,初学者应该针对此界面学会一些基本操作。

图 6.26　Phoenix 模拟器软件界面图示

1）软件界面认知

Phoenix 模拟器功能十分强大，但其软件界面风格则相对简单。和一般计算机软件一样，最顶部为主菜单栏，包括系统设置、选择模型、选择场地、查看信息、飞行记录、训练模式、比赛模式、多人联机和帮助等9个主菜单项，每个主菜单又包含若干个子菜单，用于不同的功能设置；屏幕最左侧为工具栏，包括操作者快速访问的常用功能；除菜单栏和工具栏以外的大片区域用于提供飞行场景和模型飞机的运动姿态展示，方便操作者获得身临其境的飞行体验。

当鼠标在屏幕上移动时，菜单栏和工具栏将出现，而当鼠标静止几秒钟后，主菜单栏和任何可见的缩回式工具栏将淡出并消失，训练窗口看起来更整洁。

2）常用菜单操作

①系统设置。

包含所有与程序相关的设置菜单，并允许用户退出程序，具体包括配置新遥控器等7个子菜单。其中的"配置新遥控器"和"选择遥控器"在前文已有详细描述，除此以外，"控制通道设置"子菜单也会经常用到，该子菜单用于对遥控器的各个通道进行检测和调试，例如，当副翼、升降舵或方向舵与实际操纵出现反向时，可以通过点击"控制通道设置"子菜单，在当前编辑配置文件中找到对应通道，在需要调整反向的通道后面，打上对应的对勾即可，如图6.27所示。

图6.27　控制通道设置菜单操作

②选择模型。

Phoenix 模拟器配备了大量开箱即用的模型型号，并定期提供很多免费下载。当选择好一个模型后，它会出现在选定的飞行场地上并准备起飞。一次只能选择和飞行一个模型。所有的模型都被完美地渲染成高细节，并且已经被公认的专家设置成可以真实飞行。此外，许多型号都有一些预设的变化，以反映共同的设置，有些还具有替代配色方案，以进一步增加飞行者的享受。

"选择模型"菜单包含所有特定模型的菜单和选项，包括更改或编辑当前选定模型的功能、设置可能发生的用户定义故障以及模型启动和位置选项等。其中的"更换模型"子菜单操作是初学者必须掌握的，如图6.28所示。

图 6.28　模型选择窗格

图 6.28 中左侧为模型列表窗格，显示当前已安装的所有模型型号，包括固定翼(Air-planes)、直升机(Helicopters)、滑翔机(Gliders)和多旋翼(Multi-roters)等主要模型类别。每种类别条目的左侧都有一个小箭头，可以通过双击类别名称或单击小箭头来展开/收缩模型列表。当找到要飞行的模型后，在该模型名称上单击鼠标左键将其选中，它将在"可用模型"列表中突出显示，并与相关信息一起显示在右侧窗格中。

右侧窗格为模型预览窗格，在该窗格可以看到当前选定模型的三维动画预览，窗格下面显示的是该模型名称以及一些基本信息和规范。当对模型选择满意后，单击"完成"按钮设置新模型并返回主视图。

③选择场地。

Phoenix 模拟器使用高分辨率的全景摄影飞行网站，提供了近似真实的场地背景，包括从长满青草的俱乐部场地、停机坪机场、世界各地的桥梁、海滩和城市等具有异国情调的地点等，所有飞行地点都有三维碰撞几何体，这意味着飞行中的模型将会撞击障碍物，翻过崎岖不平的地形，并与水进行真实的交互，沉浸感十足。

"选择场地"菜单包含与当前飞行场相关的所有选项和设置，关联更换场地、场地天气、场地布局、查看模友和最近使用过的 5 个子菜单，其中，"更换场地"子菜单操作界面如图 6.29 所示。

图中左侧为可用风景列表，右侧为所选场地预览窗格。要选择一个新的飞行地点，只需向下滚动可用风景列表，直到找到一个理想而满意的项目然后用鼠标左键单击，它就会在列表中突出显示，预览窗格将更改为该飞行地点的旋转预览。

预览窗格显示的是所选飞行地点的低质量预览，以及有关选定场景的一些基本信息。默认情况下，预览将旋转以提供完整的 360 度视图，但也可以通过在预览窗格上左右拖动鼠标来手动旋转和查看预览。

新的飞行地点选择满意后，单击确定按钮并返回主视图，飞行场地更改完成。

④查看信息。

此菜单包含用于控制当前视图、相机和平视显示器元素的所有选项和设置，具体包括摄

图 6.29　更换飞行场地

像机视角、屏幕显示和工具条 3 个子菜单。其中,"摄像机视角"子菜单以更改虚拟摄像机对模型位置的反应方式来改变摄像机视角,便于我们在飞行时更容易查看模型的运动姿态;"屏幕显示"子菜单决定主屏幕的虚拟显示内容,例如模拟速度、遥控器、航向表、风向标、计时器等;"工具栏"子菜单用于在屏幕最左侧显示或隐藏各种工具栏。

　　各个子菜单的操作相对简单,大多通过勾选形式来决定某个功能是否实现或某个信息是否显示。例如,如果我们想要在主屏幕上同时显示遥控器、飞行姿态、航向表、计时器和风向标时,只需按如图 6.30 所示勾选即可。

图 6.30　屏幕显示子菜单操作示例

　　Phoenix 模拟器是一款功能强大的模拟飞行训练系统,以上所述远不及其冰山一角,我们需在后续的学习和训练中进一步去摸索、理解、领会并逐步掌握。

任务6.2 旋翼机模拟飞行训练

旋翼机包括直升机和多旋翼两大类,且在当今的无人机行业应用领域,多旋翼远比直升机更为广泛。基于此,Phoenix 模拟器在5.0 版本后适时增加了多旋翼模拟飞行训练板块,一些无人机研发公司甚至开发出了完全基于多旋翼的模拟飞行训练系统。从实际训练效果来看,由于多旋翼模型具有较高的稳定性,模拟飞行操纵太过于简单,难以达到真机飞行要求的扎实功底。因此,本书仍以传统直升机作为旋翼类无人机模拟飞行训练的载体,虽然训练难度加大,但因练就的飞行技能扎实会使飞手们充满自信。

6.2.1 训练前准备

遥控器操纵方式选择:美国手;模拟训练系统选择: Phoenix 模拟器。

(1)选择模型

①在 Phoenix 模拟器主界面打开"选择模型"菜单,单击"更换模型"子菜单;
②在模型列表窗格选择 Helicopters(直升机)→ Align → T—Rex 700E 3G 作为训练用的直升机模型,如图6.31 所示;

图6.31 选择 T—Rex 700E 3G 作为直升机模型

③单击"完成"按钮返回主视图,模型选择完毕。

（2）选择场地

①在模拟器主界面打开"选择场地"菜单，单击"更换场地"子菜单；

②在可用风景列表窗格选择 Flying Field 作为飞行训练场地，该场地在悬停训练模式中，以一条田埂作为中心线，能尽快地分辨出直升机的位移偏差，如图 6.32 所示；

图 6.32　选择 Flying Field 作为飞行训练场地

③单击"完成"按钮返回主视图，场地选择完毕。

（3）训练模式说明

Phoenix 模拟器的"训练模式"菜单中，专门设置了一些特殊的专用训练模式，这些模式改变了模拟器的工作方式，能够满足 R/C 飞行的特定领域，例如，直升机的悬停训练、自旋降落训练、扭矩训练和固定翼的降落训练等。为配合这些特定训练还专门配置了对应的训练视频，以便于边看边学。

在这些特定的训练模式中，悬停训练是旋翼类无人机最基础的训练科目之一，下面对悬停训练的实施进行一些必要的说明。

悬停训练旨在让直升机模型迅速且相对稳定地悬停在我们的视线中。在这种模式下，直升机被放置在飞行场的适当高度，不允许下降或上升，这样，我们就可以随心所欲地控制油门、方向、升降和副翼 4 个通道中的一个、二个或多个通道，逐步适应由简到难的训练过程，大大提高训练效率。如果失去了对模型的控制，并且模型偏离视线超过一定的距离，或者旋转过远，悬停教练机将自动重新启动，而无须再次执行通常的起飞程序，从而有效缩短掌握这项技术所需的时间。

当悬停训练器激活时,悬停训练工具栏将出现在屏幕底部,如图6.32所示。该工具栏左侧的设置下拉菜单中允许我们选择不同的通道组合,如图6.33所示。

图6.33 悬停训练中的通道选择

工具栏中间的3个按钮从左到右依次为重新启动、自动重启(开关按钮)和倒转(开关按钮)。单击"重新启动"按钮,可以随时在初始位置和方向重新启动模型;单击"自动重启"开关按钮,将打开或关闭自动重新启动功能;单击"倒转"开关按钮,将实现反向和垂直悬停之间的切换,一旦掌握了标准的垂直悬停,就可以使用这个功能来学习如何将一架具有三维能力的直升机上下颠倒,这是一个更具挑战性的操作,不建议初学者随便使用。

工具栏右侧的方向下拉菜单中有前、后、左、右4个选项,代表模型在操作者视野中的机尾朝向,也就是平时训练常说的四位悬停,如图6.34所示。

(a)对尾悬停

(b)左对侧悬停

(c)对头悬停

(d)右对侧悬停

图6.34 直升机模型的四位悬停图示

旋翼机模拟飞行
——单通道悬停

6.2.2 单通道悬停训练

（1）训练内容

①在 Phoenix 模拟器主窗口,选择训练模式菜单下的悬停训练模式。

②在悬停工具栏的设置菜单中选择仅升降舵,此时遥控器上只有升降舵有效。

③分别按对尾、左对侧、对头和右对侧的顺序,在方向菜单中选择机头朝向,并相应完成四位悬停训练。

④用同样的方法完成仅副翼的四位悬停训练。

（2）训练标准

①遥控器握控姿势正确。

②飞机可在操控者视线内稳定悬停,前、后、左、右偏离不超过 2 cm。

③无错舵,且每个方位的悬停时间至少在 1 min 以上。

④当飞机出现飘移时能迅速打舵并及时纠正以实现视线内重新悬停。

⑤遵守安全操作规程和实训室规章制度。

（3）动作要领

①仅升降舵的对尾悬停是单通道训练中最基础也是最简单的一个科目,因为,此时飞机的前(机头)、后(机尾)、左(机身左侧)、右(机身右侧)4 个方位与飞手的视角方位是完全一致的,一般不会错舵。训练过程中重点是找到匹配的舵量和正确的方向感,动作要领主要有两点:

a. 要有一定的提前量。就是说一旦发现飞机有向前运动的趋势时应立即向后打舵,不要等飞机向前漂出一定距离后再打舵,这样可以保证飞机不会离视线太远。

b. 舵量小,频率快。即舵量(离中位的距离)要尽可能小,但纠正漂移的打舵速度要快。舵量过大会造成飞机的钟摆运动,而速度过慢则容易让飞机漂移出视线范围导致"炸"机。

②如果已在对尾悬停训练中找到压舵的感觉,且能相对稳定地将飞机控制在自己的视线范围内达 1 min 以上,则可以进阶到单通道的后续训练科目,如对侧和对头悬停训练等。此时,由于机头朝向发生了改变,导致飞机的前后左右 4 个方位与飞手的视角方位不一致,极易产生错舵现象。要解决这一问题,最直观的方法就是将自己想象成坐在飞机的驾驶舱中且面向机头,即以 FPV(第一人称视角)方式操控飞机,做到人、机一体,确保打舵方向与飞机运动方向一致,逐步形成正确打舵的条件反射。

双通道悬停训练

6.2.3　双通道悬停训练

（1）训练内容

①在悬停工具栏的设置菜单中选择仅升降舵+副翼，此时遥控器上的升降舵和副翼同时生效。

②分别按对尾、左对侧、对头和右对侧的顺序，在方向菜单中选择机头朝向，并相应完成四位悬停训练。

（2）训练标准

①遥控器握控姿势正确。

②飞机可在操控者视线内稳定悬停，前、后、左、右偏离不超过2 cm。

③无错舵，且每个方位的悬停时间至少在1 min以上。

④当飞机出现飘移时能迅速打舵并及时纠正以实现视线内重新悬停。

⑤遵守安全操作规程和实训室规章制度。

（3）动作要领

①要有提前量。

②舵量小，频率快。

③第一人称视角，人机一体。

④双通道需要对升降舵和副翼同时操控，打舵动作全部集中在右手（美国手），操控难度相对单通道有明显提升，初学者难免会存在顾此失彼的现象。此时要做的就是坚持，只有坚持按动作要领反复训练，才能逐步熟练并形成条件反射。

⑤理论上讲，飞机向某个方向有漂移趋势时，就应该立即反向打舵以纠正漂移，但不建议初学者一开始就打混合舵，规规矩矩坚持沿水平和垂直方向打舵，才能尽快形成正确的方向感。

6.2.4 多通道悬停训练

(1)训练内容

①退出悬停训练模式。

②在"选择场地"主菜单中单击"场地布局"子菜单中的"F3C 方框",如图 6.35 所示。

图6.35 F3C 方框场地布局

③左手向上轻推油门,飞机起飞至 2 cm 左右高度后保持油门的位置,同时操纵升降和副翼,练习 F3C 方框内的对尾悬停。

④左手向左轻压方向舵,使机头向左旋转 90°后停止,练习左对侧悬停。

⑤继续按上述方法分别完成对头和右对侧悬停训练。

⑥四位悬停训练完成后,左手向左轻压方向舵保持飞机一直旋转至 360°,同时操纵升降和副翼,完成 360°慢自旋训练。

(2)训练标准

①遥控器握控姿势正确。

②飞机离地高度 1～3 cm,悬停时前、后、左、右漂移不超过 2 cm。

③无错舵,且每个方位的悬停时间至少在 1 min 以上,在此时间内,机头始终保持在红色圆形框内为优秀,黄色圆形框内为良好,绿色圆形框内为合格。

④当飞机出现飘移时能迅速打舵并及时纠正以实现视线内重新悬停。

⑤遵守安全操作规程和实训室规章制度。

(3)动作要领

①要有提前量。

②左手打舵要轻且柔和,右手舵量小,频率快。

③第一人称视角,人机一体。

④尽量不打混合舵。

⑤多通道需要对油门、方向、升降和副翼 4 个舵面同时操控,也称全通道操控,训练难度进一步加大,此时要做的就是坚持坚持再坚持,以坚持成就自我。

任务 6.3　固定翼机模拟飞行训练

　　严格地说,固定翼无人机模拟飞行训练并不是本书要包含的内容。但如前所述,Phoenix 模拟器是一款功能强大的模拟训练系统,缺少固定翼的模拟飞行训练则难以体现 Phoenix 模拟器的完整功能;同时,尽管旋翼类无人机与固定翼的飞行原理有所不同,但对遥控器上各控制通道的操纵方式又十分类似;而且,旋翼机和固定翼模拟飞行的训练环境是完全一致的,无人机模拟飞行训练本身就是一个完整的训练科目,有些院校甚至将其作为一门课程单独开设。基于上述考虑,我们仍将固定翼的模拟飞行训练内容安排在此处,读者在学习多旋翼时可忽略本部分内容,到学习固定翼时再作为参考。

6.3.1　飞行前准备

　　遥控器操纵方式选择:美国手;模拟训练系统选择: Phoenix 模拟器。

(1)固定翼机操纵方式说明

　　常规布局的上单翼固定翼无人机模型结构如图 6.36 所示,包括发动机、机翼、机身和尾翼等组成部分。发动机为无人机提供飞行动力;机翼是产生升力的主要部件,其上布置有副翼;机身用于装载发动机和各种电子设备以及任务载荷;尾翼包含水平尾翼和垂直尾翼,分别简称平尾和垂尾,平尾由水平安定面和升降舵组成,垂尾由垂直安定面和方向舵组成。

　　副翼、升降舵和方向舵被称为常规布局固定翼模型的主操纵面。操纵副翼可使无人机产生绕纵轴的倾斜运动,用以改变飞行坡度;操纵升降舵可使无人机产生绕横轴的俯仰运动,实现飞机的抬头或低头;操纵方向舵可实现无人机绕立轴的偏航运动,改变无人机的飞行方向。

因此,油门、副翼、升降和方向就构成了固定翼模型的 4 个主要控制通道,其操纵方式与多旋翼基本类似。

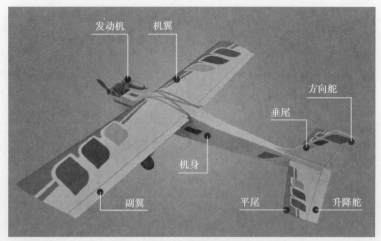

图 6.36 常规布局固定翼模型结构图示

（2）选择模型

①在 Phoenix 模拟器主界面打开"选择场地"菜单,单击"更换模型"子菜单。

②在模型列表窗格选择 Airplanes（固定翼）→ E—Flite → Apprentice 15e 作为训练用的固定翼模型机,这是一款极易上手的教练机,如图 6.37 所示。

图 6.37 固定翼模型机选择

③单击"完成"按钮返回主视图,模型选择完毕。

（3）选择场地

①在模拟器主界面打开"选择模型"菜单，单击"更换场地"子菜单。

②在可用风景列表窗格选择 Moscow RC—Club(Planes)作为飞行训练场地，如图6.38所示。该场地由一座工厂为背景，画面中有几座烟囱可以作为飞行中的位置参照物，便于尽快分辨出无人机的位移偏差。飞机正前方有一条白色横线，一般视作起飞离地和降落接地的参考线。

图6.38 场地选择及信息显示设置

③单击"完成"按钮返回主视图，场地选择完毕。

（4）信息显示设置

①在模拟器主界面打开"查看信息"菜单，单击"屏幕显示"子菜单。

②勾选该子菜单中的遥控器、飞行姿态、风向标和天空网格4个选项，如图6.38所示。其中遥控器左手控制油门和方向，右手控制升降和副翼，各舵杆移动方向与实际操纵保持一致；飞行姿态便于我们随时观察飞机的运动状态；风向标和天空风格为判断风向和飞行高度提供参考。

③完成上述设置后，返回主视图，准备进入真正的飞行体验。

固定翼模拟飞行
——起降训练

6.3.2 起降训练

（1）训练内容

1）地面滑跑练习

地面滑跑是固定翼模型运动的入门级训练科目，通俗的理解就是把无人机当车开。练习时可在机场跑道上想象一个圆角矩形航线，长边与跑道平行，短边与跑道垂直。然后操纵飞机沿该矩形航线在地面滑行且飞机始终不离地，通过油门控制飞机前进速度，通过方向舵保持飞机方向。反复练习，不断提升操纵手感，直到形成条件反射。

2）起飞与爬升

①轻推油门使飞机在跑道上缓慢加速，加入方向舵修正，尽量保持飞机在加速过程中处于直线滑行状态。

②当飞机速度达到可以起飞的速度之后，轻拉升降舵使飞机进入爬升状态。

③保持好缓和的爬升角度，加入副翼修正，保持飞机继续直线上升。

④到达一定的安全高度之后，让升降舵回到中立点，进行水平飞行或空中90°转弯飞行等后续动作。

3）俯冲与降落

①准备降落之前，请先将飞机引入逆风航线，并尽量对准机场跑道中心线。

②决定降落时，减小油门以降低飞机速度，此时升力减小会导致飞机降高。

③用副翼保持好飞机方向，继续收油门至比怠速稍大的位置，以备复飞需要。

④当飞机高度下降到接地瞬间将油门收到最低位，同时稍拉升降舵，让飞机以仰角着陆，即后轮先着地。轻拉升降舵时，注意不要拉飘。

⑤飞机触地后，利用方向舵调整飞机沿跑道中心线减速滑行直至完全停止。

（2）训练标准

①遥控器握控姿势正确，遵守操作规程和实训室管理制度。

②滑跑时，沿跑道中心线地面滑行左右偏差1 cm以内。

③起飞时，要迅速果断，不得冲出跑道。

④起飞爬升时，不得出现大幅度飘高，上下浮动1 cm以内，机身滚转坡度左右15°以内，爬升时上升角度应控制在25°~30°。

⑤接地时，要迅速果断，后轮先接地，前轮再接地，避免三点接地。

⑥降落时，不得出现大幅度飘高，上下浮动1 cm以内，机身保持平稳，滚转坡度左右15°以内。

⑦接地后，飞机无明显跳跃现象且沿跑道中心线地面滑行左右偏差1 cm以内。

⑧保持清晰的打舵思路,飞行过程无错舵,并能及时纠正漂移。

（3）动作要领

①由于引擎运转时的反扭力以及螺旋桨的气流效应等因素,会造成飞机在运动时产生一定程度的左偏现象。地面滑跑时修正左偏请使用方向舵,爬升或空中飞行时修正左偏请使用副翼。

②起飞时油门动作一定要柔和,保证飞机在地面加速时有充分的助跑距离,严禁大动作操纵油门,避免飞机出现原地打转现象。

③降落是最困难的,因此,在实施降落训练前,提倡先想象一下降落的几个过程,在脑海里模拟打舵时机,即所谓的想象练习,这是行之有效的方法之一。

④无论是起飞还是降落,都应尽量在逆风状态下进行。

⑤对油门、方向、升降和副翼的操纵,在起飞和降落的过程中都会被用到,只有反复练习,才能得心应手。

6.3.3 转弯与直线飞行

固定翼模拟飞行
——转弯与直线飞行

（1）训练内容

1）空中转弯

①压坡度:到达即将开始转弯的地方时,向转弯方向轻压副翼,使机体产生滚转倾斜。

②回中:滚转效果产生后,副翼迅速回中,保证飞机不再进一步倾斜。

③转弯:立即向后轻压升降舵,防止飞机在转弯过程中出现低头掉高现象。

④改出:快完成转弯时,升降舵迅速回中,同时反方向轻压副翼并及时回中,飞机恢复水平状态并保持平飞。

2）定高平飞

①直线飞行。直线飞行是固定翼飞机的常见动作之一。虽然固定翼本身就是一个自稳定系统,但在风向、风力和螺旋桨等自身条件的作用下,飞机在飞行中仍会产生一定程度的偏移,此时需要及时调整以维持直线飞行。调整的方法主要通过点碰副翼来实现,即轻轻点碰一下副翼后立即回中,而不是压住副翼不放,这样就能产生轻微的倾斜,从而一点一点地对航线进行调整。注意:点碰时产生的坡度很小,飞机不会有明显的掉高现象。

②高度保持。在采用初级教练机训练飞行的过程中,通常是将油门放到大约 1/4 的位置,此时,既可以让飞机有足够的速度保持平飞,同时,飞行的速度又比较慢,便于新手有充足的时间去思考、判断和纠正。无论是模拟训练还是在真实飞行中,我们都会遇到需要改变或保持飞行高度的情况,此时,可能会有部分初学者认为仅利用升降舵就可以实现飞机的爬升和下降,这显然是错误的。

举例来说,如果采用升降舵来实现飞机的爬升运动,那么,在不加大油门的情况下,飞机在向上爬升的过程中会逐渐降低飞行速度,此时升力小于重力,飞机下降。换句话说,飞机的航线就会进入振荡状态,即所谓的开始波状飞行。因此,高度控制主要通过操纵油门来实现!想让飞机从当前平飞高度爬升到另一个高度,正确的做法是:先稍加油门使飞机进入持续爬升状态,当到达指定高度时,油门回到原位再次恢复到水平飞行。

（2）训练标准

①站姿和遥控器握控姿势正确,遵守操作规程和实训室管理制度。

②直线平飞时,方向舵不参加操纵,无人机滚转坡度15°以内,高度上下浮动1 cm以内。

③飞行状态变换时,在指定高度前完成转换,无人机滚转坡度15°以内,指定转换高度上下浮动2 cm以内。

④转弯时,无人机滚转坡度30°以内,高度上下浮动2 cm以内。

⑤保持清晰的打舵思路,飞行过程无错舵,能及时纠正漂移。

（3）动作要领

1）空中转弯

①利用副翼使飞机产生坡度,拉升降舵使飞机转弯,在转弯结束时,升降舵回中并使机翼恢复水平。

②利用回中状态作为每个操纵动作的参考点,这样就可以更好地计量每一次操纵幅度的大小。

③只要不压住副翼不放,而是轻压副翼能及时回中,飞机就不会进入急速螺旋俯冲状态。

④在开始转弯时轻压副翼幅度的大小,决定转弯的急或缓,而不是压副翼时间的长短。

⑤不管是左转弯还是右转弯,只要操纵杆的操纵幅度是一样的,就能产生完全相同的结果。

2）定高平飞

①新手进行飞行训练时,理想的油门位置在大约1/4处。

②一（两）个点碰副翼的运动就可以轻微改变航向且飞机不会掉高,当然前提条件是不要压住副翼不放。

③根据观察结果来决定何时需要采用点碰副翼的动作以保证飞机的直线飞行。

④在保持平飞的油门位置,增大油门飞机就会爬升,减小油门就会下降。

⑤飞机的飞行属于三维空间运动,转弯、直线飞行和高度保持等操纵动作会同时涉及油门、方向、升降和副翼等多个舵面,需反复练习才能提升熟练程度。

固定翼模拟飞行
——五边航线飞行

6.3.4 起落五边航线飞行

起落五边航线飞行是载人机的标准训练科目之一,典型的起落航线是一条包括4个转弯点和5条边的方块形航线。五边航线是机场交通的基础模式,是一种保持机场上空交通秩序的重要途径。五边飞行则是指一架飞机遵循一定标准的起飞和降落路径,在保持与机场目视接触的情况下,完成从起飞到简单航线飞行、再进行返场着陆的一整套训练流程,其训练标准如图6.39所示。在实际飞行训练过程中,飞行员应按规定的高度、速度、航向及有关程序操纵飞机起飞和着陆。以起飞方向为基准,向左转弯时称左航线,向右转弯时称右航线。

图6.39 载人机的起落五边航线飞行训练标准

由于五边飞行几乎包含了所有的基本飞行操作,如滑跑、起飞、爬升、转弯、航线飞行、下降和着陆等,所以起落五边航线飞行科目也被引入固定翼无人机的飞行训练中,甚至已成为无人机各类证照资质认证中的必考科目之一。

当然,从视角上来看,对无人机的飞行操纵与载人机坐在飞机中驾驶是不一样的,只能依靠对飞机的观察来判断飞机的飞行状态。因此,我们需要在飞行空域想象出一条立体式的起落五边航线,如图6.40所示。该立体航线在平面上的投影是一条矩形航线,如图6.41所示。我们把这个矩形航线的4个边划分为飞机起降的5个阶段,也就是通常意义上所说的"五边航线",具体包括:

一边,也称离场边(Upwind),是指从飞机逆风滑跑、离地起飞、爬升至一定高度到开始第一次转弯之前的飞行阶段,简称起飞阶段。

二边,也称侧风边(Crosswind),飞机经第一次转弯后开始侧风飞行。

三边,也称下风边或顺风边(Downwind),飞机经第二次转弯后进入顺风飞行阶段,此时航线与机场跑道平行。

四边,也称基线边(Base),飞机完成第三次转弯后开始为降落做准备,需找到降落基准线或参照物。

图 6.40　起落五边航线立体示意图

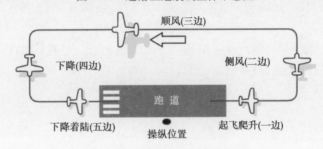

图 6.41　五边航线平面示意图

五边,也称进近边(Final),飞机经过四次转弯后再次逆风对准跑道,进入最后的降落着陆阶段。

(1)训练内容

①起飞爬升。飞机逆风滑跑,在达到一定速度后柔和拉杆使飞机离地并进入一段稳定的小角度爬升;当飞机加速至正常爬升速度后再逐渐增大爬升角度,达到正常航线高度后将飞机改平;随后进行第一次转弯,大约90°进入侧风的第二边飞行。要求:航迹要直,升降率稳定。

②侧风飞行。一转弯完成后,立即收小油门,改为平飞。大约飞至操作者与飞机的连线和起飞航线呈45°角时做第二次90°转弯,进入第三边。要求:保持航向、高度不变,适当调节油门大小,保持速度相对稳定。

③顺风飞行。二转弯后飞机会进入顺风飞行状态,大约飞至操作者与飞机的连线和降落航线呈45°角时做第三次90°转弯,进入第四边。要求:保持航向、高度、速度不变。

④基线边飞行。三转弯后飞机第二次进入侧风飞行状态,机头朝向跑道。为准备降落,收小油门,降低高度。当飞至接近降落航线时,做第四次90°转弯进入第五边。要求:航迹要直,升降率稳定。

⑤降落着陆。对正跑道,继续下降,直至飞机着陆。

(2)训练标准

①遥控器握控姿势正确,遵守安全操作规程和实训室管理制度。

②滑跑时,沿跑道中心线地面滑行左右偏差 1 cm 以内。

③离地时要迅速果断,不得冲出起飞场。

④飞机在爬升阶段,不得出现大幅度飘高,上下浮动 1 cm 以内,机身滚转坡度左右 15°以内。

⑤转弯时,无人机滚转坡度左右 30°以内;高度上下浮动 2 cm 以内。

⑥直线平飞时,方向舵不参加操纵,无人机滚转坡度左右 15°以内,高度上下浮动 1 cm 以内。

⑦接地时也要迅速果断,后轮先接地,前轮再接地,避免三点接地。

⑧降落时不得出现大幅度飘高,上下浮动 1 cm 以内,机身保持平稳,滚转坡度左右 15°以内。

⑨接地后,飞机无明显跳跃现象且沿跑道中心线地面滑行左右偏差 1 cm 以内。

⑩保持清晰的打舵思路,并及时纠正漂移。

(3)动作要领

①一转弯或三转弯后,飞机将会进入侧风飞行,此时飞机会受侧风影响使得实际航迹发生倾斜。所以在进行二边和四边飞行时要注意修正侧风带来的影响,即在一转弯时转弯角度要小于 90°,三转弯时转弯角度要大于 90°。具体飞机航向需要偏移多少,应根据风力和不同飞机受侧风影响大小来调整。

②二转弯后飞机会由侧风变为顺风,此时需要注意升降舵和油门的调整,控制飞机在同一高度飞行。第三边飞行时,因航线较长很容易产生偏航现象,要求能提前发现,及时纠正;同时飞机因顺风影响而地速较大,要注意通过中线后的飞行距离,风大时要调整三转弯时机,防止下风区飞的过远。

③在四边下降飞行时,要通过油门和俯冲角度来保持好飞机速度,不要过慢,也不要过快。过低的速度会导致滑翔比较小,可能无法飞抵跑道,并且在需要减小下降率或者四转弯时使飞机失速;而速度过快,则会导致在着陆时无法将速度降下来,从而着陆失败。

④四转弯的时机是非常重要的,转弯过早或过晚都会使转弯后的飞机一定程度的偏离跑道,即使经过频繁的修正也很难精准地降落在跑道中间。因此需要不断的练习以加强经验的积累。

⑤着陆动作可以说是整个五边飞行中最难的一点了,落得不好,轻则出现着陆跳跃,严重时会损伤起落架甚至机体结构。因此,在即将着陆并下降至大约视线高度时,应逐渐拉杆减小飞机下降率,同时降低油门以减小速度,此时要注意油门及拉杆的配合。拉杆过大会使飞机爬升后失速,拉杆过小可能会导致重着陆;如果减小下降率后飞机即将失速,此时需略微加大油门并减小拉杆,但不要使飞机爬升;如果减小下降率后飞机过快,就需要先判断飞机会不会冲出跑道,如果会就马上复飞,再次进入第一边爬升;如果不会,则继续减小油门,并根据飞机姿态不断调整拉杆量,到飞机接地瞬间时迅速将油门收到底。

⑥五边航线是整个航线飞行的浓缩,能不能飞直、飞平主要依据我们对飞机姿态的正确把握。五边飞行中有 4 个转弯,转弯是否到位直接关系到下一边的飞行。风向风力对飞行的

影响也是很大的,正逆风起降相对来说容易些,斜逆风或侧风起降就困难得多,也更具有挑战性。

⑦五边是否飞的周正,对于第三视角的目视来说是很难掌握的,这要通过大量的练习才能实现。好在模拟器中有航向数据显示,练习时可以不停地观察航向数据,修正飞机的航迹。至于是左转还是右转,要看场地的要求,左转和右转都要认真练习,以应付各种情况。

项目小结

①模拟飞行,简单地说就是通过模拟器和模拟软件,在计算机屏幕上模仿真实的模型飞机进行飞行。模拟器是进行这一运动必备的硬件,它的设置和操纵方式与真实模型飞机的遥控器几乎一样;模拟软件的设计是全真模拟,飞行场景是通过拍摄真实飞行场面获得的,具有高度的仿真性;模拟模型飞机是根据市场上各种模型飞机的实际参数设计的,其性能与真实模型飞机的相似率高达 90% 以上;操作者还可以在模拟软件中对自己的模型进行新的设计和修改,并能够立即体验到修改后的飞行效果。

②虽然说模拟飞行具有提升兴趣、寓教于乐的良好效果,但我们绝不能将模拟飞行当作游戏来玩,毕竟模拟飞行的终极目标是回归现实世界,其实质是架设在虚拟世界与现实世界之间的桥梁。因此,必须要按照本项目中的各类训练标准认真完成训练内容,只有勤思考、多练习,在模拟飞行训练中掌握正确的操纵要领,形成正确的打舵条件反射,才能更好地在现实世界中练就扎实的专业技能。

③本项目中所描述的各类飞行操纵都是模拟训练的基础科目,一个功能强大的模拟飞行训练系统的功能远不止这些。更具挑战和刺激性的定点着陆、超低空穿越、3D 花式特技,甚至包括联网编队飞行和空战等训练科目都能在虚拟训练中得以实现。

习　题

一、连线题(概念记忆)

Airplane	多旋翼
Multi-rotor	滑翔翼
Helicopter	固定翼
Glider	直升机
Elevator	副翼
Aileron	方向舵
Rudder	油门
Throttle	直降舵

一边	Final	进场边
二边	Base	基线边
三边	Upwind	侧风边
四边	Crosswind	下风边
五边	Downwind	离场边

二、填空题(概念记忆)

1. 飞机(固定翼)在空间的姿态运动也称为三轴运动,其中:(1)站在机尾面向机头,沿机尾到机头方向的轴为_____轴,绕该轴的运动称为_____运动,运动的幅度用_____角来描述,该运动通过操纵_____舵面来实现;(2)沿机翼方向垂直于飞机对称面的轴为_____轴,绕该轴的运动称为_____运动,运动的幅度用_____角来描述,该运动通过操纵_____舵面来实现;(3)和以上两个轴都垂直的轴为_____轴,绕该轴的运动称为_____运动,运动的幅度用_____角来描述,该运动通过操纵_____舵面来实现。

2. 对于直升机和多旋翼来说,前推升降舵飞机往_____运动,后拉升降舵飞机往_____运动,左打副翼飞机往_____运动,右打副翼飞机往_____运动,左打方向舵飞机机头朝_____,右打方向舵飞机机头朝_____,油门上推飞机_____,油门下拉飞机_____。

三、简答题(知识点理解)

1. 简述 Phoenix 模拟器中遥控器校准和配置的具体步骤。
2. 写出直升机悬停训练时的训练标准及动作要领。
3. 简述常规布局固定翼无人机的基本组成及各部分功能。
4. 研讨:什么是起落五边航线?请在班级群内就如何飞好五边航线进行经验分享。

四、操作题:完成下述考核表格(实训跟踪)

遥控器校准与配置考核评价					
设备编号		操作日期		操作者姓名	
评价项目	任务评价内容	分值	自我评价	小组评价	教师评价
认识模拟器	模拟器的作用	10			
	常用模拟器的种类及特点	10			

续表

评价项目	任务评价内容	分值	自我评价	小组评价	教师评价
Phoenix RC 模拟器安装	Phoenix 模拟器的安装与设置	10			
遥控器校 准与配置	校准模拟器通道	20			
	编辑配置文件	20			
操纵姿势	遥控器握姿是否正确	10			
职业素养	操作规程/步骤执行情况	5			
	遵守实训室管理制度情况	5			
	工具、仪表使用与工位整理	5			
	出勤、纪律、团队协作	5			
个人训练 总结					
教师总评					

学生签字：   指导教师签字：

旋翼机模拟飞行训练考核评价					
设备编号		操作日期		操作者姓名	
评价项目	任务评价内容	分值	自我评价	小组评价	教师评价
模型与场地 选择	选择模型	2			
	选择场地	2			
单通道训练	对尾（副翼、升降分别测试）	8			
	对侧（副翼、升降分别测试）	8			
	对头（副翼、升降分别测试）	8			
双通道训练	对尾（副翼+升降）	8			
	对侧（副翼+升降）	8			
	对头（副翼+升降）	8			

195

续表

评价项目	任务评价内容	分值	自我评价	小组评价	教师评价
多通道训练	对尾	8			
	对侧	8			
	对头	8			
	360°定高慢自旋	12			
职业素养	操作规程/步骤执行情况	3			
	遵守实训室管理制度情况	3			
	工具、仪表使用与工位整理	3			
	出勤、纪律、团队协作	3			
个人训练总结					
教师总评					
学生签字：			指导教师签字：		

固定翼模拟飞行训练考核评价					
设备编号		操作日期		操作者姓名	
评价项目	任务评价内容	分值	自我评价	小组评价	教师评价
模型与场地选择	选择模型	2			
	选择场地	2			
起降操纵	起飞训练	10			
	着陆训练	10			
转弯与直线飞行	空中转弯	10			
	直线飞行与高度保持	16			
起落五边航线飞行	起飞与爬升	6			
	4个转弯	12			
	二、三、四边航线飞行	6			
	沿第五边着陆	14			

评价项目	任务评价内容	分值	自我评价	小组评价	教师评价
职业素养	操作规程/步骤执行情况	3			
	遵守实训室管理制度情况	3			
	工具、仪表使用与工位整理	3			
	出勤、纪律、团队协作	3			
个人训练总结					
教师总评					
学生签字：		指导教师签字：			

项目 7 视距内飞行实训

 导学

经过模拟器的刻苦训练,我们应初步掌握单旋翼带尾桨的传统直升机的飞行操纵方法。如果你切实达到了本书中规定的模拟器训练与考核标准,那么恭喜你完全具备了多旋翼无人机室外视距内飞行的操纵技能,因为多旋翼无人机的操纵手法与传统直升机几乎是一样的,甚至你会发现操纵真正的多旋翼无人机比在模拟器操纵传统直升机还要简单,更会充满自信!

外场飞行实施是无人机遂行各种作业任务的前提。按距离,多旋翼无人机的飞行可分为视距内飞行和超视距飞行两种方式。本项目中,我们将通过教练带飞和个人单飞等训练手段和方法,同时结合前面装调完成的 F450 四轴飞行器进行飞行前检查、起降与定点悬停、水平与垂直平面内直线飞行、原地 360°慢自旋和水平"8"字航线等视距内飞行训练任务进行系统学习。完成这些任务的训练与考核后,首先,你将具备民航局规定的Ⅲ类多旋翼无人机视距内驾驶员的飞行操纵技能;其次,你会逐步掌握多旋翼无人机视距内飞行的各种操作要领,领悟多旋翼无人机飞行过程中的姿态、航向、高度、速度等运动参数,为后续开展超视距飞行奠定基础;最后,让我们尽情享受由自己组装的无人机带来的飞行乐趣吧。

 训练目标

知识目标
①知道室外飞行场地布局标准;
②说出参训人员职责;
③掌握飞行前准备要点;
④理解定点悬停训练内容与标准;
⑤理解航线飞行训练内容与标准;
⑥掌握 360°慢自旋与水平"8"字航线动作要领。

能力目标
①会进行凤凰模拟器安装与配置;
②完成定点悬停飞行训练内容并达到训练标准;
③完成航线飞行训练内容并达到训练标准;
④完成 360°慢自旋与水平"8"字航线飞行训练内容并达到训练标准。

素质目标
①树立吃苦耐劳的精神;
②养成持之以恒的学习态度;

③形成严格的安全操作意识；

④形成遵守相关飞行法律法规的意识；

⑤养成爱护卫生、保护环境的责任意识。

任务 7.1　基本操纵训练

7.1.1　场地布局

为保证训练质量,需根据参训人员数量进行分组,每组以不超过 5 人为宜。为了安全起见,单组训练场地最低要求为长 20 m×宽 15 m 的长方形,两组训练场地之间间隔不少于 10 m。训练场地布局如图 7.1 所示(俯视),场地环境及气候条件要求见任务 5.3。

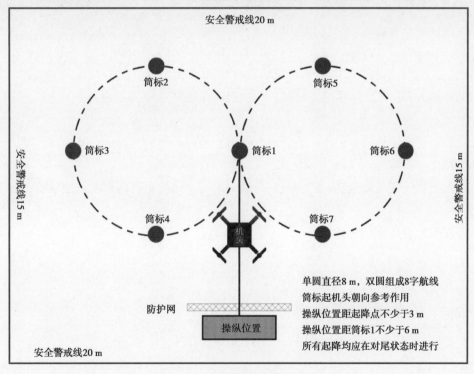

图 7.1　外场飞行训练场地布局

7.1.2　参训人员职责

主讲教员为外场飞行训练的总负责人。各组设带飞教练、组长、器材员各一人,相关人员应明确职责,确保训练安全。

（1）主讲教员职责

①至少应具备民航局Ⅲ类多旋翼超视距驾驶员（机长）执照或中国 AOPA Ⅲ类多旋翼超视距驾驶员（机长）合格证及以上资质.

②全面负责外场飞行训练的组织实施，包括撰写飞行教案、训练任务布置、讲解示范、现场巡视、集中总结讲评等多个教学环节。

③及时处置飞行训练中出现的紧急情况。

④当飞行器出现故障时，能现场抢修或更换设备，确保训练正常进行。

（2）带飞教练职责

①至少应具备民航局Ⅲ类多旋翼视距内驾驶员执照或中国 AOPA Ⅲ类多旋翼视距内驾驶员合格证及以上资质。

②负责训练前、后设备和器材的清点和调试，确保训练前、后的单套设备数量及性能状态保持一致。单套训练设备清单：处于可飞状态的 F450 多旋翼无人机 1、电池若干块（按每人一块配置），教练控（主控）1，学员控（副控）1，主、副控连接线 1，电压报警器 1，遥控器挂带 2（轮换使用），工具与耗材若干。

③负责对每个训练任务的动作要领进行讲解示范，并在每个任务前期训练时带飞。

④为单飞学员喊舵，及时纠正学员单飞过程中的错误动作。

⑤当飞行器出现故障时，能紧急叫停，并及时报请主讲教员进行修复或更换，保证训练正常进行。

⑥负责训练操作卡的规范填写。

（3）组长职责

①负责参训学员的进、出场队列。

②负责飞行训练过程中的安全管理，当有无关人员靠近训练场地时，能及时阻止并提醒带飞教练和训练人员，必要时可停止训练。

③负责参训学员临时进、出场的请销假管理，保证训练到位率。

④配合带飞教练完成训练操作卡中训练管理总结的撰写。

（4）器材员职责

配合带飞教练完成训练设备和器材的清点与飞行前准备，负责训练结束后器材撤收及场地清理。

视距内飞行
——飞行前检查

7.1.3　飞行前准备

（1）场地环境检查

观察室外训练场环境,确保飞行区域内没有树木、电线杆、楼房等障碍物;确保无关人员在安全警戒线以外;确保天气条件满足飞行要求。

（2）飞机加电

①用电压报警器(BB 叫)检测电池电压,3S 电池总电压不低于 12 V 方可使用。

②设置电池报警电压为 3.6 V,电压报警器的使用方法参见任务 3.1。

③将电池放置到飞机上的指定位置,并用扎带扎紧,注意电池位置应尽量与飞机重心位置保持一致。

④打开遥控器电源开关(含主控和副控)。

⑤连接飞机上的电源线,注意红正黑负。

⑥听到飞机自检正常声音后,飞机加电完毕。

（3）安全检查

1)螺旋桨检查

检查螺旋桨表面是否光洁,无裂痕。

2)遥控器对码检查

将飞机放置在指定的起降位置,检查接收机与遥控器通信是否正常,如有问题应重新进行遥控器对码操作。

3)电机转向检查

根据飞机参数设置和个人用手习惯,在遥控器上采用外八字或内八字方式解锁飞控和电机。注意,无论是外八字还是内八字,两个操纵杆都应同时到达指定位置。

解锁成功后轻推油门,在保持螺旋桨旋转且飞机不离地的情况下,观察各电机旋转方向是否正确,再小舵量检查遥控器各个通道映射及遥感方向是否正确,确认无误后方可起飞。

以上内容完成后,按实际情况完成表 7.1,并由带飞教练签字确认。

表7.1 多旋翼无人机起飞前检查情况登记表

项目		检查情况	签名
螺旋桨检查			
电池安装			
电池电压			
接收机通信			
电机转向	1号电机		
	2号电机		
	3号电机		检查人：
	4号电机		
外场环境描述			
			带飞教练：

7.1.4 定点悬停

视距内飞行
——定点悬停

(1)解锁与起降

1)设置教练控制器

带飞教练正确连接好主控与副控,并将主、副控均设置为GPS模式(任何时候,多旋翼无人机的起降操作均应在对尾状态和GPS模式下实施),保证副控飞行出现异常情况时可及时切到主控控制,以减小新训学员心理压力,提高自信。

2)飞机起飞

飞机解锁成功后,轻推油门杆使飞机离地,到达约1.5 m高度(略低于操作者水平视线)后,操纵油门杆回到中位,此时,飞机处于悬停状态。注意:

①飞机即将离地时油门杆杆量可适当大些,干脆不拖泥带水,待飞机离地约1 m高度后,逐渐减小杆量直至油门中位。

②飞机一旦离地,就必须集中注意力,做到手不离杆,眼不离机,像在模拟飞行中训练的那样,保持飞机在可控状态。

③解锁与起飞是多旋翼无人机飞行实训的第一步,为尽量减少飞行事故,带飞教练应让每个参训学生至少模拟解锁与起飞动作3次以上,确保动作无误后方可进行正常训练。

3）降落

当飞机在起降位置上方处于悬停状态时,往下轻拉油门,可使无人机下降,越接近地面油门杆量越小,当起落架平稳着地后操持油门杆在最低位,直到螺旋桨停转5 s后方可松开。

如果降落以后外场飞行训练即结束,设备和器材准备撤收,此时需对降落后的无人机进行一次全面检查,检查的主要内容包括:

①断开电源:降落后,先断开动力电池与无人机的连接,切忌先关遥控器,以免无人机失控。

②温度检查:检查电池、电机温度是否异常发烫。

③拆卸电池:松开魔术扎带将电池卸下,冷却后放入电池防爆箱中。

④螺旋桨检查:观察螺旋桨表面是否光泽,有无裂痕。

⑤机身检查:检查机身各坚固件是否有松动迹象。

⑥清理:清理机身上的灰尘,准备再次起飞或装箱。

⑦登记表见表7.2。

表7.2　多旋翼无人机降落后检查情况登记表

项目	检查情况	签名
紧固件		
螺旋桨表面		
电池温度		
电机温度		
机身与机臂		检查人:
清理		
飞行过程中异常情况描述		
		带飞教练:

（2）杆舵适应性训练

杆舵适应性训练在GPS模式和对尾状态(机头朝前,机尾正对操作手)下进行,此时飞机运动的前后左右方向与操作手的正常视角和右手操纵方向完全一致。

1）垂直运动

①操纵方法:飞机在起降位置正常起飞到指定高度后(约1.5 m且略低于操纵者水平视

线,下同),轻推升降舵使飞机飞到筒标 1 的正上方并保持悬停,然后轻推油门使飞机垂直上升至约 4 m 高度悬停 5 s 左右,再轻拉油门转入垂直下降过程,到达指定高度时油门回中停止下降,此时飞机再次处于悬停状态。

②训练标准:上升、下降匀速,速率约为 1 m/s,各悬停时间不少于 5 s,飞机运动不能超过直径为 1 m 的圆,且无明显的大幅修正动作。

③动作要领:飞机在升降过程中会因为受到气流的影响而产生前后左右的漂移,因此,在轻推或轻拉油门杆的同时,必须通过操纵升降和副翼来及时修正飞机姿态,以保证飞机的垂直运动不超出直径为 1 m 的圆。在此过程中,打舵方向和舵量大小是实现并达到训练标准的关键,操作时应认真体会。

2)前后运动

①操纵方法:飞机在筒标 1 正上方指定高度处处于悬停状态,轻推升降舵使飞机前进 3 m 左右后悬停 5 s,然后轻拉升降舵使飞机后退到筒标 1 正上方后悬停。

②训练标准:前进、后退保持匀速,速率约为 1 m/s,悬停时间不少于 5 s,尽量保持直线飞行,无明显曲线轨迹。

③动作要领:油门保持中位;顺风时升降舵舵量稍小于正常舵量,逆风时稍大;如有侧风则向风来的方向稍压副翼,如左侧风时向左稍压副翼,以保持直线飞行。

3)左右运动

操纵方法:飞机在筒标 1 正上方指定高度上处于悬停状态,向左轻压副翼使飞机向左移动 3 m 左右后悬停 5 s,然后再向右轻压副翼使飞机向右移动到筒标上方悬停。

训练标准和动作要领参照前后运动自行体会。

4)偏航运动

向左或向右轻推方向舵,实现并体会无人机左右偏航运动。

注意:以上 4 种运动中,操纵杆舵时应柔和给力,切记动作过大、过猛!

(3)四位悬停

四位悬停是多旋翼无人机飞行训练中的必训科目,其含义是指机头分别朝向操作手正前方(对尾)、正左方(左对侧)、正后方(对头)和正右方(右对侧)4 个方向时,操纵无人机在筒标 1 正上方保持悬停,如图 7.2 所示(俯视)。为清楚起见,图中飞机比例有所放大。

图 7.2(a)为对尾状态,即机头朝前,机尾正对操作手;(b)为左对侧状态,即机头朝向筒标 3,机身左侧正对操作手;(c)为对头状态,即机头朝向操作手;(d)为右对侧状态,即机头朝向筒标 6,机身右侧正对操作手。

为保证训练效果,四位悬停训练应在姿态模式下进行。

1)操纵方法

飞机正常起飞至筒标 1 正上方指定高度后悬停,切换控制模式为姿态模式,保持油门中位,根据训练进度轻推方向舵向左或向右使机头左转或右转 90°,观察飞机偏离筒标中心点的位置情况,操纵升降舵或副翼,使无人机保持在筒标正上方悬停。

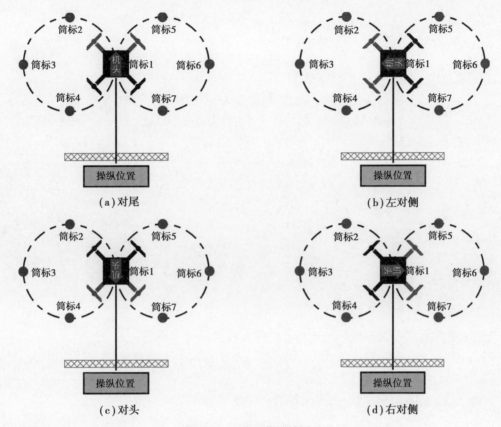

图 7.2　四位悬停训练图示

2）训练标准

①无人机不能飘出以筒标中心为圆点、直径为 1 m 的圆形范围。

②保持油门中位，高度无明显变化。

③机头旋转时，无人机旋转速率在 90°/s 左右，不可过快。

④每个方向的悬停时间不少于 1 min。

⑤整个过程中无错舵现象发生。

3）动作要领

①旋转过程中由于螺旋桨反扭矩影响，在不操纵副翼和升降时会有偏航现象发生。而且由于操作手面对飞机的视角不同故需要操作手及时调整方向思维，做出正确的判断和及时的修正。

②无论机头朝哪个方位，仍然是升降舵决定前后运动，副翼决定左右运动，所以正确的做法是想象自己坐在飞机上并面向机头，这样飞机的运动方向与右手打舵方向就保持一致了，就像对尾悬停一样。勤加练习，力争做到人机一体并形成条件反射。

③打舵动作应有一定的提前量，一旦观察到飞机有向某个方向飘移的趋势时，立即反方向打舵，以减小可能出现的飘移量。

④打舵时舵量要小但频率须快，舵量过大会导致飞机动作过猛，造成心理恐慌而手忙脚乱，甚至会出现失控危险。改进的方法是减小舵量并加快打舵频率，这就要求右手的打舵动

作应灵活自如。

⑤手不离杆,眼不离机,注意力高度集中。

 友情提示

还有一种类似的训练科目称为八位悬停,即机头分别朝向正前方(对尾)、筒标2(左上对侧)、筒标3(左对侧)、筒标4(左下对侧)、操作手(对头)、筒标7(右下对侧)、筒标6(右对侧)和筒标5(右上对侧)8个方位。如果刚开始训练四位悬停时感觉有难度,可考虑先训练八位悬停,操纵方法、训练标准和动作要领与四位悬停一致。

任务7.2　航线飞行训练

航线飞行
——定高直线飞行

7.2.1　定高直线飞行

定高直线飞行是多旋翼无人机遂行各种作业任务的常见飞行方式之一。虽然正式执行作业任务时可能是在 GPS 模式下,但为提高训练质量,仍然建议使用姿态模式,便于后续在各种应用场合操控无人机时更能游刃有余。

直线飞行动作看似简单,但由于飞行过程中受到风和视觉差等因素的影响,航线可能会呈现蛇形走向,特别是在姿态模式下,需要根据飞机姿态及时修正副翼和升降舵。因此,要想达到训练标准还是有一定的难度。

(1)操纵方法

①飞机正常起飞后到筒标1正上方指定高度悬停。

②轻推油门使飞机上升到约4 m 高时悬停。

③机头朝左旋转90°后,轻推升降舵使飞机前进到筒标3正上方悬停。

④机头旋转180°后,轻推升降舵使飞机经由筒标1前进到筒标6正上方悬停。

⑤机头再次旋转180°后,轻推升降舵使飞机回到筒标1正上方,旋转成对尾状态后悬停。整个飞行航线如图7.3所示(俯视)。

(2)训练标准

①始终保持机头为前进方向。

②飞机匀速前进,速率约为1 m/s。

③高度保持在离地约4 m 且无明显变化。

④机头旋转时的旋转速率在90°/s 左右,不可过快。

⑤飞行航线基本为直线,无明显蛇形走向。

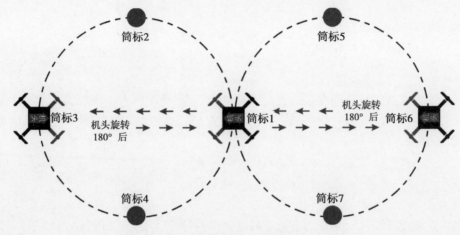

图 7.3　定高直线飞行航线图示

（3）动作要领

直线飞行时的主要影响因素是风,逆风、顺风和侧风对飞行操纵提出了不同的要求,动作要领应根据图 7.4 中(俯视)的 3 种情况予以分析。

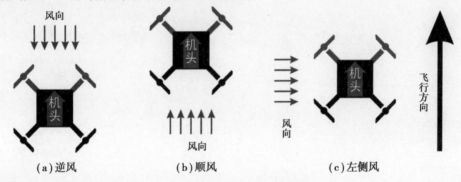

（a）逆风　　　　　（b）顺风　　　　　（c）左侧风

图 7.4　风对直线飞行的影响

1）逆风飞行

逆风时空速增大,升力增加,进而导致飞机有升高趋势,需调整油门保持高度;同时,逆风时阻力相应增大,要保持飞机匀速前进,升降舵的舵量要稍大于无风时的舵量。

2）顺风飞行

同理分析,顺风时阻力变小需修正升降舵来调整飞行速度;同时,空速减小导致飞机有掉高趋势,需轻推油门以保持高度。

3）侧风飞行

侧风会导致飞机偏离航线,此时,除保持高度和速度外,还需要向风的来向轻压副翼以保证直线飞行,即左侧风时需左压副翼,右侧风时需右压副翼。

7.2.2　水平平面内航线飞行

水平平面内航线飞行是指在定高直线飞行的基础上,让飞机在一个等高的水平平面内完成一个闭合的矩形航线飞行,这是多旋翼无人机在执行航拍、航测和植保作业任务时常见的飞行方式。

（1）操纵方法

①飞机正常起飞至筒标 1 正上方指定高度悬停后切换成姿态模式。

②机头向左旋转 90°后轻推升降舵,飞机前进到筒标 3 正上方时悬停。

③机头向右旋转 90°,继续使飞机前进约 4 m 距离后悬停。

④机头继续向右旋转 90°,轻推升降舵使飞机经由筒标 2 和筒标 5 正上方前进约 16 m 距离后悬停。

⑤机头继续右转 90°至筒标 6 正上方悬停后,再右转 90°回到筒标 1 正上方悬停,整个矩形航线如图 7.5 所示(俯视)。

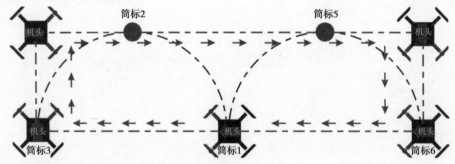

图 7.5　矩形航线飞行

⑥机头旋转 180°后,沿上述矩形航线反向飞行一周。

（2）训练标准

①始终保持机头为前进方向。

②飞机匀速前进,速率约为 1 m/s。

③高度保持在离地约 4 m 且无明显变化。

④机头旋转时的旋转速率在 90°/s 左右,不可过快。

⑤飞行航线基本为直线,无明显蛇形走向。

（3）动作要领

水平矩形航线的飞行训练实际上是定高直线飞行训练的拓展，只是在同一个飞行航线内要同时面对逆风、顺风和侧风等情况，动作要领参照定高直线飞行类比分析。

7.2.3　垂直平面内航线飞行

航线飞行
——垂直矩形航线

（1）垂直矩形

1）操纵方法

①飞机正常起飞至筒标 1 正上方指定高度处悬停后切换成姿态模式。

②机头右转 90°，前进 8 m 后到筒标 6 正上方悬停。

③机头左转 90°，保持对尾状态垂直上升约 2.5 m 后悬停，此时飞机仍处于筒标 6 正上方位置。

④机头左转 90°，前进 16 m 后悬停，此时飞机应处于筒标 3 正上方位置。

⑤机头右转 90°，保持对尾状态垂直下降约 2.5 m 后悬停。

⑥机头右转 90°，前进 8 m 后回到筒标 1 正上方悬停，整个航线如图 7.6 所示。

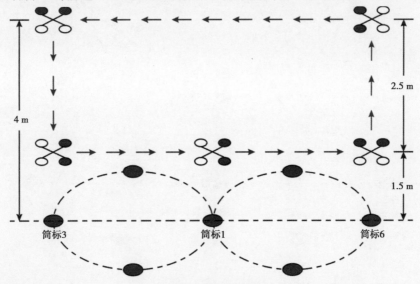

图 7.6　垂直矩形航线

⑦机头旋转 180° 后，沿上述垂直矩形航线反向再飞行一周。

2）训练标准

①始终保持机头为前进方向，匀速前进的速率约为 1 m/s。

②垂直运动时应保持对尾状态,上升和下降尽量匀速,速率约为 1 m/s。

③高度无明显变化。

④机头旋转时的旋转速率在 90°/s 左右,不可过快。

⑤各处悬停时间不少于 5 s。

3）动作要领

①视觉差会引起整条航线偏移,飞行中可利用眼角余光寻找相应筒标作为参照物。

②为防止风向和风速对姿态的影响,应灵活操纵升降舵和副翼予以修正。

③除悬停点外,应学会在运动中修正飞机姿态,避免航线上的停顿现象。

（2）倒三角形航线

航线飞行
——倒三角形航线

1）操纵方法

①飞机正常起飞至筒标 1 正上方指定高度悬停后切换成姿态模式。

②保持飞机对尾状态,双手联动,左手轻推油门同时右手向右轻压副翼,使飞机在垂直平面内向右上方缓慢匀速运动到筒标 6 正上方悬停,上升距离约为 2.5 m,向右平移距离约为 8 m,如图 7.7 所示。

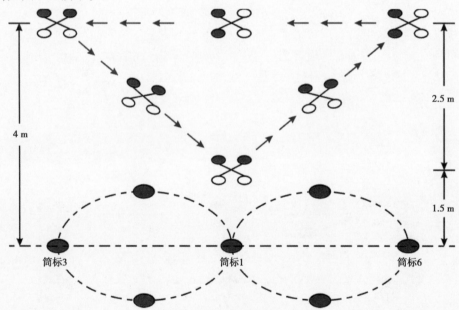

图 7.7　垂直倒三角形航线

③机头左转 90°,以定高直线飞行方式使飞机运动至筒标 3 正上方悬停。

④机头右转 90°成对尾状态,轻拉油门同时向右轻压副翼,使飞机在垂直平面内向右下方缓慢运动至筒标 1 正上方指定高度处悬停。

2）训练标准

①垂直平面沿倾斜直线运动时应保持对尾状态,上升和下降运动缓慢匀速。

②沿航线运动时无明显停顿,避免上升和下降过程中航线出现阶梯状。

③定高直线飞行时保持机头为前进方向,匀速前进的速率约为 1 m/s,且高度无明显变化。

④机头旋转时的旋转速率在 90°/s 左右,不可过快。

⑤各处悬停时间不少于 5 s。

3)动作要领

①第一次真正意义上的双手配合协同训练,左、右手的协调性需通过反复练习才能不断地熟练和提高。

②飞行前应先分析风向和风速对操纵的影响,正确的打杆方向和合适的舵量是达到训练标准的关键。

任务 7.3　360°慢自旋与水平 "8" 字航线

360 度慢自旋

7.3.1　360°慢自旋

(1)操纵方法

①飞机正常起飞至筒标 1 正上方指定高度后对尾悬停。

②双手配合,通过操纵方向舵、升降舵和副翼(必要时包括油门),使飞机绕自身重心(立轴)原地旋转 360°(一周)后再次处于对尾悬停,旋转的起始方向朝左或朝右均可,如图 7.8 所示(俯视)。

(2)训练标准

①自旋过程中高度无明显变化,超过指定高度±0.5 m即为不合格。

②水平位移不能超出以筒标 1 为圆心、1 m 为直径的圆形区域。

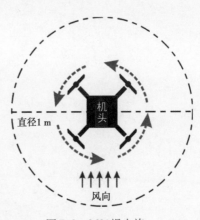

图 7.8　360°慢自旋

③旋转速率在 90°/s 左右,不可过快,旋转过程中无明显停顿。

④旋转过程中无明显错舵发生。

⑤旋转停止时无提前或滞后现象,即动作要做到位。

（3）动作要领

①由于螺旋桨的反扭矩影响，必须及时操纵升降舵和副翼以尽量减少旋转过程中发生的偏移。

②飞行器旋转会造成操纵者的视觉不断变化，正确的方法是想象自己面向机头坐在飞机上且随飞机一起旋转，以便于调整思维，做出正确的判断和及时的修正。

③一定要注意风对飞机姿态的影响。以图7.8中所示的风向为例，在飞机的旋转过程中，风会分别吹向飞机的机尾、左侧、机头和右侧，正确的打舵方向和合适的舵量是保证飞机不至于飘远的关键。

④为保障飞行安全，初学者可先用 GPS 模式练习，待操作熟练后再切换成姿态模式以不断提高飞行技能。

7.3.2 水平"8"字航线

水平"8"字航线

（1）操纵方法

①飞机正常起飞至筒标1正上方指定高度后对尾悬停。

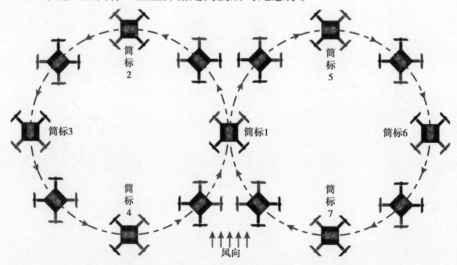

图 7.9　水平"8"字航线

②双手联动，操纵方向舵使机头朝左并保持一定舵量不变，同时推升降舵使飞机前进并保持一定舵量不变，旋转运动和前行运动的合成，使得飞机在水平平面内"画"出一个由筒标1→筒标2→筒标3→筒标4→筒标1 的圆形航线，如图7.9所示（俯视）。

③左圆到达筒标 1 正上方时,立即反向操纵方向舵使机头朝右并保持一定舵量不变,升降舵继续保持前进,在右边平面内"画"出由筒标 1→筒标 5→筒标 6→筒标 7→筒标 1 的圆形航线。

④左、右两个圆形航线在水平平面内构成一个"8"字航线,右圆完成并到达 A 点时,飞行器处于悬停状态。

（2）训练标准

①机头始终朝着前进方向,匀速飞行,速率保持在约 1 m/s。

②左右转弯半径相等,整个"8"字航线中飞行高度无明显变化。

③飞机在筒标 1 正上方时为正对尾,筒标 2 上方为左对侧,筒标 3 上方为正对头,筒标 4 上方为右对侧,筒标 5 上方为右对侧,筒标 6 上方为正对头,筒标 7 上方为左对侧。实际操作时,各筒标上方姿态角度不超过±10°,偏移距离不超过一个机身位。

④整个飞行过程无错舵,无停顿,即使在飞机偏离航线时也应学会在运动中修正舵量和方向,尽量不要让飞机停下来再予以修正。

⑤理论上航线应为圆形,实际飞行时任意两个筒标之间不能出现明显的直角。

（3）动作要领

①水平"8"字航线实际上是飞机旋转运动和前行运动的合成,相当于在原地 360°慢自旋的基础上加入了升降舵的前推动作。因此,旋转运动时可寻找原地 360°慢自旋的手感,而前行运动可寻找定高直线飞行时的手感。

②刚开始练习时可能会经常出现飞机侧滑现象,不能完成相对标准的"8"字航线。操作者应反复练习,重点要寻找旋转速度和前进速度之间的匹配关系,及时合理地操纵副翼和油门,不断提高航线飞行的准确度。对初学者来说,可考虑当方向舵的舵量给定以后,左手即相对保持此舵量,让右手操纵升降和副翼来跟上飞机旋转的节奏。

③风对"8"字航线飞行影响极大,操作者应在起飞前正确判断风力和风向,合理规划好不同航线段飞行的打舵方向和舵量大小。以图 7.9 中所示的风向为例,起飞前应先想好飞机飞到不同的筒标上方时,风会吹向飞机的哪一侧,这样在实际飞行时就可以为打舵方向和舵量大小提供一个提前量,减轻心理压力。

④为保障飞行安全,初学者可先用 GPS 模式练习,待操作熟练后再切换成姿态模式以不断提高飞行技能。

7.3.3 机头向内盘旋一周

机头向内盘旋一周的飞行动作在无人机执行航拍作业时经常用到,业界常称为"刷锅"运动。其飞行航线和飞行中的飞机姿态如图 7.10 所示(俯视)。

（1）操纵方法

①飞机正常起飞至筒标 1 正上方指定高度后对尾悬停。

②机头左转 90° 后,向右轻压副翼,同时向左轻压方向舵,此时飞机既在做旋转

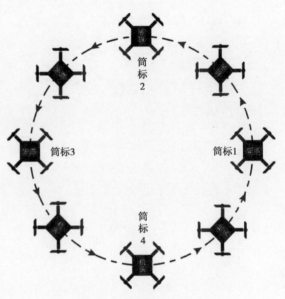

图 7.10　机头向内盘旋一周

运动又在做右移运动,两种运动的合成使得机头始终朝向圆心。

③控制好升降舵舵量以保持合理的运动半径,飞机绕圆心盘旋一周后回到筒标 1 正上方悬停。

（2）训练标准

①机头始终朝向圆心。

②飞机在任何位置与圆心的距离尽量保持不变。

③飞行高度无明显变化,匀速盘旋,速率保持在约 1 m/s。

（3）动作要领

①将水平"8"字航线中的左圆作为参考的飞行轨迹,这样,每个筒标可以提供较好的位置参照。同时,起飞之前,应先思考飞机在该圆形轨迹的不同位置时是何姿态,如何控制。

②飞机在不同的位置时,风向和风速的影响是不一样的,因此,副翼不可能是始终如一的舵量,要根据实际情况做出及时的调整。

③升降舵的使用应根据飞行速度来确定舵量的大小,其目的是保持飞机在不同的位置时始终与圆心的距离相等。

④除了控制副翼和升降舵外,还要保证机头始终指向圆心,这就需要方向舵的作用。因此整个飞行过程中需要不停地调整和分配思维,做到一心多用。

项目小结

①起降操作是多旋翼无人机飞行的第一步,也是执行后续各种飞行动作的保证,安全正

确的起降飞机能有效增强初学者的飞行自信。因此,在起飞和降落的操作中,一定要注意保持飞机的稳定,特别是降落时的摆动幅度不可过大,否则极易造成飞机侧翻导致断桨甚至"炸"机。

②在本项目的多种飞行训练科目中,360°慢自旋和水平"8"字航线是民航局无人机驾驶员飞行执照和中国AOPA无人机驾驶员合格证考核时的规定科目,定高直线飞行和机头向内盘旋一周(刷锅)是航拍作业中常见的飞行动作,其他科目是一些基础性和日常性的训练科目。只有把基础科目练好练扎实,才能保证作业科目和考核科目的准确、高效,并更好地保证多旋翼无人机飞行动作的规范和安全。

③无论是飞行训练还是作业飞行,飞行环境都是多旋翼无人机外场飞行时必须要重点考虑的因素。其中,电磁环境和天气条件对飞行操控的影响是最主要的。例如,在多旋翼无人机的视距内飞行训练时,如何用正确的打舵方向和合适的舵量来抵消风对飞行的影响一直是带飞教练经常强调的重点问题。

④完成本项目的全部训练内容并达到训练标准后,你应该具备一定的飞行技能,但这并不代表你就可以随时随地、随心所欲地想飞就飞。多旋翼无人机的运营管理有国家规定的法律和法规约束,安全并合法飞行是第一位的,特别不能在人口稠密区随意飞行。正如开车要有驾照一样,无人机遂行作业任务同样要有相应的飞行执照,为安全合法飞行,杜绝"黑飞",拥有一个民航局认定的飞行执照是必须的。

习 题

一、选择题(概念记忆)

1.多轴飞行器悬停转向和以10 km/h的速度向前飞转向中( )。
A.横滚角相同　　　　　B.横滚角不同　　　　　C.横滚角不确定

2.多轴飞行器在飞行中,图像叠加OSD信息显示的电压一般是电池的( )。
A.空载电压　　　　　B.负载电压　　　　　C.已使用电压

3.多轴飞行器的飞控硬件应尽量安装在( )。
A.飞行器前部　　　　　B.飞行器中心　　　　　C.飞行器底部

4.4轴飞行器有X模式和+模式两大类,其中( )。
A.+模式操纵性能好　　B.X模式操纵性能好　　C.两种模式操纵性能没区别

5.经测试,某多轴飞行器稳定飞行时,动力电池持续输出的电流为5 A,则该多轴可选用( )。
A.5 A电调　　　　　B.10 A电调　　　　　C.30 A电调

6.多轴飞行器( )。
A.有自转下滑能力　　B.无自转下滑能力　　　C.部分有自转下滑能力

7.垂直爬升时升限为海拔 1 000 m 的多轴飞行器,如果在 10 km/h 的前飞中爬升,其升限( )。

A.将降低　　　　　　　　B.将升高　　　　　　　　C.将保持不变

8.以多轴航拍飞行器为例,是否轴数越多载重能力越大( )。

A.是　　　　　　　　　　B.不是　　　　　　　　　C.不一定

9.下列哪个姿态角的变化对多轴航拍影响最大( )

A.俯仰角　　　　　　　　B.横滚角　　　　　　　　C.航向角

10.油机无人机和电动无人机的区别( )。

A.夏天油机时间长,冬天电机时间短

B.夏天油机时间短,冬天电机时间长

C.夏天油机时间长,冬天电机时间长

二、简答题(知识点理解)

1.外场飞行训练时,对场地环境有哪些具体要求?

2.分别写出四位悬停、360°慢自旋和水平"8"字飞行训练时的训练标准。

3.以图 7.9 中所示的风向为例,分析飞机在各个筒标上方时的操纵要领。

4.研讨:搜索讨论航拍无人机作业时有哪些飞行动作?

三、操作题:完成下述表格(实训跟踪)

F450 外场飞行训练与考核评价							
设备编号		操作日期			小组编号		
小组成员					操作者姓名		
开始时间		结束时间			考核评分		
实训内容与评分标准							
序号	项目		内容	分值	扣分标准		得分
1	操作前准备		着装统一	5	不统一,扣 0.5 分		
			队列规范		不规范,扣 0.5 分		
			设备、工具、耗材准备		准备不到位,扣 1 分		
			外观检查		检查不到位,扣 1 分		
			操作前安全检查		未检查,扣 1 分		
2	起降训练		起飞操作	10	若出现"炸"机全部扣完,其他根据训练标准酌情扣分		
			降落操作				

续表

序号	项目	内容	分值	扣分标准	得分
3	四位悬停	对尾	5	1.各位悬停时间少于1 min 为不合格 2.超出范围扣一半分值 3.高度变化太明显扣一半分值 4.其他根据训练标准酌情扣分	
		左对侧	5		
		对头	10		
		右对侧	5		
4	360°慢自旋	向左自旋	15	1.高度变化明显或超出范围扣一半分值 2.其他根据训练标准酌情扣分	
		向右自旋			
5	水平"8"字	旋转与行进是否匀速	30	1.无法完成"8"字航线为不合格 2.其他按评价内容对照训练标准酌情扣分(各项均值6分)	
		各筒标是否到位			
		高度有无明显变化			
		飞行过程有无停顿			
		筒标之间有无明显直角			
6	操作安全	人身安全	10	出现较严重安全事故终止操作,总评定为不合格	
		训练设备无损坏			
		遵守训练秩序			
7	设备撤收	降落后检查操作	5	检查不到位,扣2分以上	
		场地清理		未整理,扣2分以上	
说明	"操作过程"是指按教材中的"操纵方法""训练标准""动作要领"等内容,正确完成实训内容;扣分时标准分扣完为止				
个人训练总结				签名:	
教练评语				签名:	

参考文献

[1] 符长清,曹兵. 多旋翼无人机技术基础[M]. 北京:清华大学出版社,2018.

[2] 马丁·西蒙斯. 模型飞机空气动力学[M]. 肖治垣,马东立,译. 北京:航空工业出版社,2009.

[3] 奥斯汀. 无人机系统设计开发与应用[M]. 陈自力,董海瑞,江涛,译. 北京:国防工业出版社,2013.

[4] Paul G. Fahlstrom Thomas J. Gleason 无人机系统导论[M]. 吴汉平,译. 北京:电子工业出版社,2003.

[5] 鲁储生,张富建,邹仁,等. 无人机组装与调试[M]. 北京:清华大学出版社,2018.

[6] 于明清,司维钊. 无人机飞行控制技术[M]. 西安:西北工业大学出版社,2018.

[7] 权军. 无人机操控师[M]. 北京:中国劳动社会保障出版社,2015.

[8] 王细洋. 航空概论[M]. 北京:航空工业出版社,2006.

[9] 吴文海. 飞行综合控制系统[M]. 北京:航空工业出版社,2007.

[10] 于坤林,陈文贵. 无人机结构与系统[M]. 西安:西北工业大学出版社,2016.

[11] 何华国. 无人机飞行训练[M]. 北京:高等教育出版社,2017.

[12] 赵云超,郑宇. 无人机入门宝典[M]. 济南:山东人民出版社,2017.

[13] 鲍凯. 玩转四轴飞行器[M]. 北京:清华大学出版社,2015.